Thomas Lurz · Yasmin M. Fargel

Auf der Erfolgswelle schwimmen

Widmung

*Für alle, die uns geholfen haben, den Grundstein
für unsere Karrieren zu legen, indem sie uns Wurzeln
und Flügel vermittelt haben, die uns zum einen
erden und zum anderen in ungeahnte Höhen tragen.
Diese Widmung gilt insbesondere unseren Eltern
und Geschwistern.*

Thomas Lurz
Yasmin M. Fargel

Auf der Erfolgswelle schwimmen

Was junge Menschen
wissen müssen,
um erfolgreich zu werden

Bibliografische Information der Deutschen Nationalbibliothek

Die Deutsche Nationalbibliothek verzeichnet diese Publikation
in der Deutschen Nationalbibliografie; detaillierte bibliografische
Daten sind im Internet über http://dnb.d-nb.de abrufbar.

ISBN 978-3-86936-439-1

Lektorat: Friederike Mannsperger
Umschlaggestaltung: Martin Zech, Bremen | www.martinzech.de
Fotos im Buch: © picture alliance
Satz und Layout: Lohse Design, Heppenheim | www.lohse-design.de
Druck und Bindung: Salzland Druck, Staßfurt

www.gabal-verlag.de

Abonnieren Sie den GABAL-Newsletter unter:
newsletter@gabal-verlag.de

Inhaltsverzeichnis

Vorwort der Autoren

Plädoyer für Spitzenleistungen und gegen das Mittelmaß

„Ich könnte alles erreichen, wenn ich nur wüsste, was ich will." Dieser Satz klingt simpel, jedoch steckt in ihm viel Weisheit. Jeder, der Spitzenleistungen erzielen und eine erfolgreiche Karriere realisieren möchte, muss ein klares Karriereziel vor Augen haben. In zahlreichen Gesprächen mit anderen jungen Menschen haben wir allerdings immer wieder festgestellt, dass viele gar nicht genau wissen, was sie einmal erreichen möchten. Sie kennen weder ihr persönliches Karriereziel noch wissen sie, wie Erfolg und Spitzenleistungen entstehen. Sie wissen damit nicht, wie sich eine erfolgreiche Karriere realisieren lässt und wie sie durch eigenes Handeln ihre Karriere selber aufbauen und zielorientiert entwickeln können. Dass jene Menschen dann hinter ihren Möglichkeiten zurückbleiben und ihre Erfolgspotenziale nicht ausschöpfen, ist nicht nur schade. Es ist vor allem auch unnötig und vermeidbar.

Genau da setzt das vorliegende Buch an. Es ist von jungen erfolgreichen Menschen für erfolgsbegeisterte junge Menschen geschrieben, die ihr Potenzial noch weiter ausschöpfen möchten. Das Buch soll jungen Menschen dabei helfen, ihr persönliches Karriereziel zu identifizieren, ihre individuellen Voraussetzungen für Erfolg und Spitzenleistungen zu verstehen und weiter auszubauen und schließlich geeignete Wege zu finden, ihr persönliches Karriereziel Schritt für Schritt zu erreichen. Kurzum: Wir möchten die Spielregeln erläutern, die an die sportliche oder berufliche „Pole-Position" heranführen.

Wir sind davon überzeugt, dass sich Empfehlungen für eine erfolgreiche Karriere am besten durch reale Erfolgsgeschichten vermitteln lassen. Uns geht es um praxiserprobte Tipps, nicht um Hokuspokus. Wir Autoren stellen nicht nur unser Erfahrungswissen aus dem Spitzensport sowie aus der Wirtschaft und der Wissenschaft zur Verfügung. Vor allem gewährt Thomas Lurz als einer der erfolgreichsten deutschen Schwimmer aller Zeiten und als der beste Langstreckenschwimmer der Welt authentische Einblicke in sein persönliches Erfolgs- und Karrierekonzept. Diese Erkenntnisse können für die Gestaltung von Karrieren im Spitzensport und der Wirtschaft gleichermaßen genutzt werden.

Es geht uns nicht darum, allgemein gültige Patentrezepte für Erfolg zu beschreiben – denn diese gibt es nicht. Es geht uns vielmehr darum, Möglichkeiten für das Erzielen von Spitzenleistungen und Erfolg aufzuzeigen und Denkanstöße zu geben, wie jeder Einzelne gezielt seinen individuellen Erfolg und seine Karriere beeinflussen und hierfür die Regie übernehmen kann.

Wir möchten mit unserem Buch junge Menschen nicht nur informieren, wir möchten vor allem auch inspirieren und zu Spitzenleistungen und Erfolg motivieren. Erfolg macht Spaß. Erfolg macht selbstbewusst. Kleine Erfolge machen Lust auf mehr. Sie schaffen Mut und Selbstbewusstsein, auch größere Erfolge in Angriff zu nehmen und über sich hinauszuwachsen. Unser Bestreben ist es, junge Menschen wachzurütteln und zur Nutzung der eigenen Potenziale und Erfolgsmöglichkeiten zu ermuntern. Mit anderen Worten: Dies ist ein klares und unmissverständliches Plädoyer für Spitzenleistungen und Erfolg. Es ist gleichzeitig auch ein entschiedenes Plädoyer gegen das weit verbreitete Mittelmaß, gegen Orientierungslosigkeit und gegen das unnötige Verschwenden von Erfolgspotenzialen. Wir möchten ermuntern, individuelle Stärken und Erfolgschancen zu entdecken, zu nutzen und in eine erfolgreiche Karriere umzusetzen.

Wir haben das Buch bewusst aus der Wir-Perspektive geschrieben, da wir unsere Ideen und Erfahrungen synergetisch zusammenfließen lassen. Die Stellen, an denen Thomas allein zu Wort kommt, sind entsprechend gekennzeichnet. Wir möchten nicht den Anschein erwecken, in Moral-apostel-Manier mit erhobenem Zeigefinger wahllos jeden jungen Menschen ermahnen zu wollen, erfolgreich sein zu müssen. Wir möchten keine generelle Lanze für das Streben nach Erfolg brechen. Es gibt Menschen – und das ist ihr gutes Recht – die weder an Erfolg und Karriere noch am Ausschöpfen ihres Potenzials interessiert sind. Um diese Menschen geht es uns nicht in diesem Buch. Wir möchten erfolgsbegeisterte Menschen ansprechen, die Lust auf Spitzenleistungen haben. Konkret sind dies:

- Abiturienten und Studierende, die sich möglichst frühzeitig mit den Grundlagen der Entstehung von beruflichem Erfolg und Karriere auseinandersetzen möchten.
- Nachwuchskräfte, die in den ersten Jahren ihrer beruflichen Karriere stehen und Orientierung für die Gestaltung ihrer persönlichen Karriere suchen.
- Führungskräfte, Personalmanager und Mentoren, die ihren Mitarbeitern und Schützlingen klare und leicht verständliche Empfehlungen für die Gestaltung einer beruflichen Karriere geben möchten und sich für ihre eigene Karriere mit den Themen „Selbstmotivation" und „Höchstleistung" reflektierend auseinandersetzen möchten.
- Eltern, die ihren Kindern Leitplanken für die persönliche Weiterentwicklung vermitteln und dabei auf Empfehlungen junger Menschen zurückgreifen möchten.
- Sportbegeisterte, die sich für den Erfahrungsbericht eines der erfolgreichsten deutschen Schwimmer aller Zeiten interessieren und Hinweise für ihre eigene sportliche Laufbahn suchen.

Im Text sprechen wir den Leser mit „Du" an, denn dieses Buch ist von jungen Menschen für junge und junggebliebene Menschen geschrieben. Aus Gründen der vereinfachten Lesbarkeit verzichten wir auf die laufende Unterscheidung zwischen maskulinen und femininen Begriffsformen. Wenn wir von „er" sprechen, ist selbstverständlich immer auch „sie" gemeint.

Es ist unser Anliegen, unsere Erkenntnisse über die Entstehungsursachen von Erfolg und Karriere sowie insbesondere die persönlichen Erfolgsgeheimnisse von Thomas Lurz erfolgsbegeisterten Menschen zugänglich zu machen und mit ihnen zu teilen. Das Buch soll jungen Menschen als „Erfolgs-Kompendium" dienen, indem es in komprimierter und leicht verständlicher Form erläutert, was für eine erfolgreiche Karriere zu beachten ist – möglichst von Beginn an. Damit sind es dann keine Erfolgsgeheimnisse mehr, sondern eher Erfolgs*regeln* und *-anregungen*, die jeder für sich nutzen kann. „Karriere-Checklisten", die an geeigneter Stelle in dem vorliegenden Buch angeführt werden, sollen hierfür pragmatische Umsetzungsunterstützung leisten.

Wie ist dieses Buch überhaupt entstanden? Es ist das Ergebnis eines fortwährenden persönlichen Dialogs zwischen uns Autoren. Wir kennen uns seit unserer Jugend. Als wir uns als Erwachsene wiederbegegnet sind, haben wir beide in der Zwischenzeit in ganz unterschiedlichen Bereichen Karriere gemacht. Thomas Lurz ist an der Weltspitze des Schwimmsports angekommen und mehrfacher Welt- und Europameister. Parallel hat er erfolgreich ein Studium absolviert. Er hält bei Unternehmen und auf Kongressen Vorträge zu den Themen „Motivation und Höchstleistung" und „Grenzen sprengen". Yasmin Fargel hat sowohl in der Wirtschaft als auch in der Wissenschaft und Lehre verantwortungsvolle Positionen erreicht, hat im In- und Ausland gearbeitet und ist als eine der jüngsten BWL-Professorinnen Deutschlands an eine Hochschule berufen worden. Parallel arbeitet sie bei einem DAX-30-Konzern in München und schreibt erfolgreich Managementbücher.

Beide haben wir in unseren jeweiligen Bereichen schon viel erreicht und immer noch Hunger nach mehr. Dies führte uns in unseren vielen Gesprächen zu folgenden Fragen: Warum haben wir beide mit Anfang dreißig Außergewöhnliches erreicht? Was sind die Parallelen und gemeinsamen Muster in unseren Werdegängen? Was sind und waren die Entstehungsursachen für unseren Erfolg? Wie können wir weiter an unseren Karrieren feilen und noch mehr erreichen? Vor allem auch: Was können wir jeweils voneinander lernen? Was können für Lehren aus dem Spitzensport für Karrieren in der Wirtschaft und Wissenschaft und vice versa gezogen werden? Unsere Gespräche sind für beide Seiten gleichermaßen aufschlussreich und spannend. Durch die gegenseitigen Erkenntnisse und das Voneinander-Lernen sind wir jeweils zu Grenzgängern aus Spitzensport, Wirtschaft und Wissenschaft und Lehre geworden. Wir lernen viel aus der Welt des anderen und können dies gewinnbringend in der eigenen Welt anwenden, ganz im Sinne von „1 + 1 ist mehr als 2". Dies hat schließlich zu der Idee geführt, unsere Erkenntnisse mit anderen jungen oder junggebliebenen, erfolgsbegeisterten Menschen zu teilen. Das Ergebnis ist das vorliegende Buch, das du in deinen Händen hältst. Zu wissen, wer du sein willst, was du kannst, was in dir steckt und was du erreichen möchtest, sind zentrale Voraussetzungen für deinen Erfolg. Wer kein Ziel hat, wird kaum etwas erreichen. Davon sind wir überzeugt.

Wir hoffen, mit dem Buch einen wertvollen Coaching-Leitfaden geschrieben zu haben, der dich zu Erfolg und Spitzenleistungen inspiriert und Lust auf Potenzialausschöpfung und Karriere macht. Das Buch soll dir als prägnantes „Erfolgs-Kompendium" dienen und die Themen für dich verständlich zusammenfassen, die für das bewusste Gestalten einer erfolgreichen Karriere zu beachten sind. Der beste Moment, damit zu beginnen, ist jetzt!

Würzburg und München im Frühling 2012

Thomas Lurz und Prof. Dr. Yasmin M. Fargel

Hintergrundinformationen zum Freiwasserschwimmen

Schwimmen unter Extrembedingungen

Von Freiwasserschwimmen oder Langstreckenschwimmen spricht man bei Wettkampfstrecken von fünf, zehn und fünfundzwanzig Kilometern. Seit 1990 werden internationale Wettkämpfe wie beispielsweise Welt- und Europameisterschaften sowie Weltcups in dieser Disziplin ausgetragen. Die Athleten schwimmen ausschließlich in offenen Gewässern, das heißt in Seen, Flüssen und Meeren. Daraus ergeben sich besondere Herausforderungen im Wettkampf – etwa in Form von Wellengang, Strömungen und extremen Wetterbedingungen. Thomas Lurz ist der erste deutsche Schwimmer, der jemals eine Weltmeisterschaft in dieser Disziplin gewonnen hat. Im November 2005 hat das Internationale Olympische Komitee die Zehn-Kilometer-Distanz im Freiwasserschwimmen in das olympische Programm aufgenommen. Die Olympischen Spiele 2008 in Peking waren damit der erste olympische Austragungsort für diese Disziplin. Thomas Lurz gewann dort die Bronzemedaille. Seit Peking erfährt die noch junge Sportart des Freiwasserschwimmens einen bemerkenswerten sportlichen und medialen Aufschwung.

Thomas Lurz beim Anschlag zum Titelgewinn bei den Weltmeisterschaften
im Freiwasserschwimmen in Shanghai 2011

KAPITEL 1

Die Anatomie des Erfolgs

Selbstreflexion zu den Grundlagen deiner Karriere

„Erkenne deine Stärken. Dann such dir deine Nische. Und dann sei in dieser Nische erfolgreich. Verdammt erfolgreich. Im Idealfall erfolgreicher als alle anderen.“

THOMAS LURZ

Schneller, höher, weiter, Erfolge feiern und Niederlagen einstecken – das ist keine Umschreibung für den Verlauf einer Karriere, auf die der Spitzensport einen Alleinstellungsanspruch hat. Dies gilt für die Wirtschaft gleichermaßen. Daher können lehrreiche Analogien und Erfolgsgeschichten aus dem Spitzensport auch für die Gestaltung erfolgreicher Karrieren in Unternehmen genutzt werden. Die Erkenntnisse, die Thomas Lurz in seinen vielen erfolgreichen Jahren an der Weltspitze im Schwimmsport gesammelt hat, sollen dir als Anregung für deinen eigenen Werdegang dienen – sei es im Sport oder bei der Gestaltung deiner beruflichen Karriere. Dir sollen greifbare und konkret anwendbare Hinweise zu den Entstehungsursachen von Erfolg und einer auf kontinuierlichen Spitzenleistungen basierenden Karriere gegeben werden. Du erhältst sowohl fundierte Anregungen als auch erprobte Tipps, wie du dich selber zu Spitzenleistungen führen, Grenzen überwinden, Erfolge feiern und deine Motivation für eine nachhaltig erfolgreiche Karriere – auch nach großen Erfolgen oder Niederlagen – aufrechterhalten kannst. Dieses Buch soll dir als kurzes und prägnantes Erfolgskompendium dienen, das in leicht verständlicher Form für dich zusammenfasst, was du auf deinem Weg zum beruflichen Erfolg beachten solltest, um erfolgreich zu werden und nachhaltig erfolgreich zu bleiben.

Was bedeuten Erfolg und Karriere?

Doch was bedeuten die Begriffe „Erfolg" und „Karriere" denn eigentlich konkret? Beide sind ebenso unpräzise wie schillernde Ausdrücke in der Alltagssprache, irgendwo angesiedelt zwischen Euphorie und Anstrengung. Wir sind davon überzeugt, dass es nur ein individuelles Verständnis von Erfolg und Karriere geben kann, das jeder für sich selbst auf Basis der eigenen Kompetenzen, Stärken, Interessen und Werte definieren muss. Erfolg hat viele Gesichter und kann unterschiedlichste Formen annehmen. Gleichwohl glauben wir, dass – unabhängig von individuellen Interpretationen des Begriffs – Karriere eng mit dem Ausschöpfen des eigenen Potenzials verbunden ist. Es geht darum, zu erkennen, was in dir steckt, dein Potenzial zu entfalten, im Idealfall das Maximum aus dir herauszuholen und entsprechend in herausragende Leistung in einem bestimmten Gebiet umzusetzen. Wird diese Leistung honoriert, weil sie im Vergleich zu der Leistung anderer hervorsticht und entsprechend anerkannt wird, spricht man von Erfolg. Karriere ist die Aneinanderreihung einzelner Erfolge und geht im Berufsleben mit persönlicher Weiterentwicklung, zunehmendem Einfluss und wachsender Verantwortung einher. Oftmals – aber nicht zwingend – ist damit ein hierarchischer Aufstieg im Unternehmen verbunden.

Erfolg und Karriere – das weiß jeder von uns – sind für die meisten Menschen erstrebenswert. Kaum einem anderen Ziel jagen wir so beharrlich hinterher wie Erfolg. Dies wird schon in der Alltagssprache deutlich: Zu besonderen Anlässen wie Geburtstagen oder zu Neujahr wünscht man sich neben Gesundheit und Glück meistens auch Erfolg. Dahinter verbirgt sich die Auffassung, dass Erfolg zu einem glücklichen neuen Jahr dazugehört. Erfolg verlangt viel, Erfolg gibt aber auch viel. Erfolg macht nicht nur selbstsicher und stärkt den Glauben an die eigenen Fähigkeiten, er macht auch sexy. Mit jedem errungenen Erfolg festigt sich das Selbstbewusstsein. Erfolg verleiht Glamour und Einfluss. Dies gilt im Sport wie auch in der Wirtschaft. Schließlich ist an Erfolg eine Vielzahl an Möglichkeiten und auch Privilegien gekoppelt, die weniger erfolgreichen Menschen nicht offenstehen. Erfolg kann Türen öffnen und einzigartige Einblicke und Kontakte ermöglichen. Wir sprechen hier nicht nur von materiellen Aspekten, sondern vor allem auch von Möglichkeiten wie etwa

- in spannende Städte zu reisen und viel von der Welt zu sehen,
- zu interessanten Events eingeladen zu werden
- und aufregende und inspirierende Menschen zu treffen, die ihrerseits in ihrem Metier erfolgreich sind und Großartiges geleistet haben.

Erfolg kann ungeahnte Möglichkeiten eröffnen, die sehr oft zu weiteren Erfolgen und neuen Ideen inspirieren.

Erfolge, die sich nach harter Arbeit einstellen, fühlen sich großartig an. Schließlich erntest du in dem Moment des Erfolgs die Früchte deiner Arbeit. Du spürst, wie wirksam deine Anstrengungen sind. Du merkst, dass du Schöpfer deines eigenen Erfolgs sein kannst. Erfolg beschert oft Gänsehaut-Momente, die unbezahlbar sind und sich mit nichts aufwiegen lassen. Gänsehaut-Momente kommen immer dann, wenn du über dich selbst hinausgewachsen bist und das umgesetzt hast, wofür du hart gearbeitet hast. Gänsehaut-Momente erfährst du immer dann, wenn du etwas erreicht und realisiert hast, was bislang „nur" als ehrgeizige Idee und Traum in deinem Kopf existiert hat. Und du merkst, wie viel du selbst in deiner Karriere aus eigener Kraft beeinflussen kannst. Du lernst, was du alles erreichen kannst, zu welchen Höhenflügen du imstande bist. Die Psychologie betont immer wieder, wie gesund das Gefühl der „Selbstwirksamkeit" für die eigene Psyche ist. Damit ist das Gefühl gemeint, das eigene Schicksal durch das eigene Tun und Handeln wirksam beeinflussen und in die von dir gewünschte Richtung lenken zu können. Und jeder von uns kann wirksam an seinem Erfolg und seiner Karriere arbeiten und sich Schritt für Schritt seinen persönlichen Zielen nähern.

Was sind die Entstehungsursachen von Erfolg und Karriere?

Wie entstehen Erfolg und Karriere? Wie ist aus dem talentierten jungen Freizeitschwimmer Thomas Lurz, der als Siebenjähriger wie viele andere mit dem regelmäßigen Schwimmtraining begonnen hat, der erfolgreichste Langstreckenschwimmer der Welt und mehrfacher Welt- und Europameister geworden? Wie ist es ihm gelungen, seit sieben Jahren in seiner Spezialdisziplin, der Fünf-Kilometer-Strecke, bei Weltmeisterschaften ungeschlagen zu bleiben und die gesamte internationale Konkurrenz hinter sich zu lassen? Ist es Talent? Fleiß? Disziplin? Kampfgeist? Selbstmotivation? Ein hervorragender Trainer? Vielleicht einfach nur Glück?

Wie gelingt es erfolgreichen Menschen, herausragende Leistungen und persönliche Erfolge zu erzielen, die andere für unerreichbar halten? Wie schaffen es erfolgreiche Menschen, ihre Leistungsfähigkeit und ihre Motivation über einen langen Zeitraum hinweg aufrechtzuerhalten? Wie schaffen sie es immer wieder, Grenzen zu überwinden und sich nicht von Niederlagen und schwierigen Lebenssituationen aufhalten zu lassen? Wie motivieren sie sich jeden Tag aufs Neue, Spitzenleistungen zu erbringen, auch wenn damit enorme Anstrengungen und teilweise auch einschneidende Entbehrungen verbunden sind? Wie disziplinieren sie sich selbst und arbeiten weiterhin hart an ihren Zielen, auch wenn immer wieder Ablenkungen auftauchen? Mit anderen Worten ausgedrückt: Warum träumen manche Menschen lebenslang von einer erfolgreichen Karriere, während sie andere realisieren? Was genau ist die Anatomie des Erfolgs?

Wir Autoren gehen nicht davon aus, dass es die *eine* goldene Regel für Erfolg gibt, die wie eine Standardschablone auf alle Menschen und Situationen anwendbar ist. Allerdings glauben wir, dass es bei erfolgreichen Menschen wiederkehrende Grundregeln und Verhaltensmuster gibt, die den Weg zum Erfolg ebnen. Wir sind davon überzeugt, dass nachhaltiger Erfolg und Spitzenleistungen und eine darauf basierende Karriere – sowohl im Leistungssport als auch in der Wirtschaft – keine Zufallsprodukte sind. Sie sind das Ergebnis aus der richtigen persönlichen Einstellung zum Erfolg sowie der aktiven Auseinandersetzung mit zentralen Fragen, die wir dir nachfolgend vorstellen werden. Wer jene Fragen für sich beantworten und entsprechend umsetzen kann, hat die Anatomie des Erfolgs verstanden.

- Was will ich persönlich erreichen?
- Was sind hierfür meine persönlichen Voraussetzungen?
- Wie erreiche ich meine persönlichen Ziele?

Einen Überblick hierzu bietet die folgende Abbildung 1.

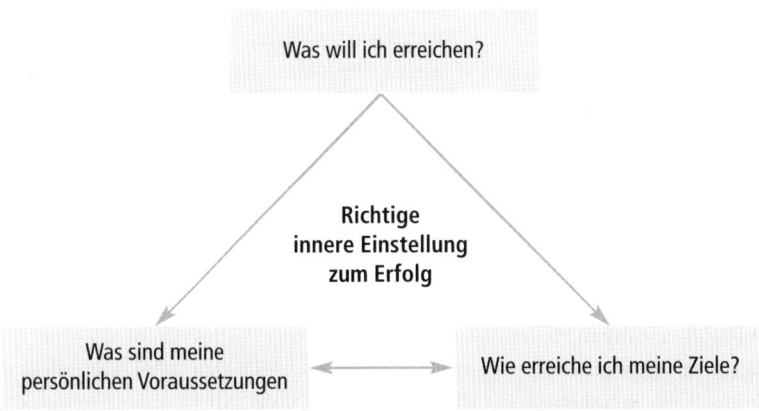

Abbildung 1: Die Anatomie des Erfolgs – stelle dir die richtigen karriererelevanten Fragen

Kein Weltklasse-Athlet, kein namhafter Unternehmenschef der Welt ist ohne eine bewusste oder unbewusste Auseinandersetzung mit diesen drei Fragen an die Spitze gelangt und hat sich dort nachhaltig behaupten können. Sie alle haben die Anatomie ihres persönlichen Erfolgs verstanden. Sie alle haben Lust auf Leistung und Lust auf Erfolg gehabt. Und jeder hat Anstrengung, Ehrgeiz und Selbstdisziplin an den Tag gelegt und Rückschläge und Gegenwind überwunden, um das persönliche Karriereziel zu erreichen. Sie alle wurden dabei von hilfreichen Menschen aus ihrem persönlichen Netzwerk unterstützt und konnten sich auf einen hervorragenden Trainer oder Mentor verlassen. Mit all diesen Punkten sind typische Grundregeln und Verhaltensmuster von erfolgreichen Menschen angesprochen.

Wer erfolgreich sein möchte, braucht darüber hinaus die richtige innere Einstellung zum Erfolg. Diese ist zentraler Bestandteil der Anatomie des Erfolgs.

Ohne die richtige Einstellung, innere Bereitschaft und Bekenntnis zum Erfolg geht nichts.

Denn der Fisch springt nun mal nicht von allein an die Angel und der Bock läuft nicht von allein vor die Flinte. Angler und Jäger müssen sich für ihren Erfolg anstrengen, ihn aktiv jagen. Es klingt nicht schön, aber in den meisten Fällen gilt eben: „No pain, no gain." Vor dem Erfolg kommt zunächst einmal der Schweiß. Erfolg kommt nie von allein. Erfolgreiche Menschen warten nicht passiv darauf, dass sich Erfolg einstellt. Sie arbeiten aktiv daran. Mit der richtigen Einstellung inszenieren und jagen sie ihren Erfolg selbst.

Zu einem möglichst frühen Zeitpunkt in deiner Karriere – sowohl im Spitzensport als auch in der Wirtschaft – musst du dich entscheiden, ob du Träumer oder Macher sein möchtest, der mehr als nur in bunten Bildern träumt. Als Macher musst du an deinem Erfolg arbeiten und geeignete Wege finden, diesen zu realisieren. Die Grundlagen für eindrucksvolle Karrieren werden nun mal nicht vom bequemen, heimischen Wohnzimmersofa aus geschaffen – es sei denn, du träumst von einer lebenslangen Karriere als Coach-Potato. Du musst rausgehen in die Welt und dich für die Realisierung deiner Ziele anstrengen.

Viele Menschen lassen sich von typischen „Erfolgskillern" davon abhalten, erfolgreich zu sein und ihre Potenziale zu entfalten. Dabei können diese Hindernisse vermieden werden, wenn sie frühzeitig erkannt und überwunden werden. Daher möchten wir sie dir nachfolgend vorstellen:

Liste typischer Erfolgskiller

- ◼ **Bequemlichkeit:** Wer bequem und nicht bereit ist, gewisse Opfer zu erbringen, und sich ausschließlich in seiner gewohnten Komfortzone bewegt, wird sehr wahrscheinlich keine steile Lernkurve haben. Letztere jedoch ist gerade in jungen Jahren erforderlich, um in einem bestimmten Gebiet erst gut, dann immer besser und schließlich sehr erfolgreich zu werden.

- **Geringes Vertrauen in sich selbst:** Wer sich zu wenig zutraut, Erfolg nur anderen Menschen zuschreibt und anspruchsvolle Ziele für sich persönlich für unerreichbar hält, wird ebenso wenig Spitzenleistungen erzielen und erfolgreich sein.

- **Weg des geringsten Widerstands:** Wer für sich den Weg des geringsten Widerstands, gepaart mit mittelmäßigen Ambitionen, wählt, begibt sich nicht auf die Überhol- und schon gar nicht auf die Erfolgsspur. Denn dort bewegen sich diejenigen mit herausragenden Ambitionen, die nicht davor zurückscheuen, auch Widerstände zu überwinden und Grenzen zu sprengen.

- **Unkenntnis der eigenen Stärken:** Wer sich nicht ernsthaft mit seinen individuellen Stärken auseinandersetzt und keine Wege findet, diese weiter auszubauen, kennt die Grundlagen für seinen individuellen Erfolg und den größten Stellhebel für persönliche Leistungssteigerungen und Spitzenleistungen nicht.

- **Unklarheit der persönlichen Karriereziele:** Wer die zentralen Fragen „Wo möchte ich mal hin?" und „Was möchte ich erreichen?" für sich nicht beantworten kann, hat keine richtungsweisende Entscheidungsgrundlage für seine Karriere. Dann wird es schwierig, systematisch einzelne Karriereschritte auszuwählen, die sukzessive an das persönliche Ziel heranführen. Längere Umwege oder gar ein „Sich-Verzetteln" sind wahrscheinlich. In der Zwischenzeit haben dann vermutlich andere Karriere gemacht.

- **Mangelnde Vorstellungskraft:** Wer sich persönlichen Erfolg im Kopf nicht ausmalen und mit konkreten Bildern und Emotionen verknüpfen kann, verschenkt ein enormes Motivationspotenzial, das in der Kraft von positiven Gedanken liegt.

- **Mangelnde Einsicht zur Weiterentwicklung:** Wer trotz wiederholter Niederlagen eisern an der Fortführung seiner überholten Erfolgsstrategien festhält und keine Lehren aus den Niederlagen zieht, um sie für eine gezielte persönliche Weiterentwicklung zu nutzen, bereitet unbewusst bereits den nächsten Fehlschlag vor. Es kommt zur Perpetuierung eines suboptimalen Leistungsniveaus und damit zur Fortführung von Misserfolg.

Diesen Erfolgskillern stehen Erfolgspusher gegenüber, deren Beachtung und Umsetzung dazu beitragen, nicht nur einmalig, sondern auch *nachhaltig* erfolgreich zu sein und sich an der Spitze behaupten zu können. Erfolgreiche Menschen wie Thomas Lurz arbeiten jeden Tag mit diesen Erfolgspushern und schaffen damit die Basis für nachhaltige Spitzenleistungen und eine lang andauernde Karriere. Daher möchten wir dein Augenmerk auf jene Erfolgspusher lenken, die wir in nachfolgender Karriere-Checkliste für dich zusammengefasst haben.

■ **Harte Arbeit:** Potenzial für herausragende Leistungen wird dir nicht in die Wiege gelegt, denn Talent allein reicht bei Weitem nicht aus. Talent muss immer auf Training treffen, um seine Wirkung entfalten zu können. Erfolg bedeutet harte Arbeit und bisweilen auch Entbehrungen. Es gibt Dinge, auf die erfolgreiche Menschen verzichten müssen, wenn sie nachhaltig erfolgreich sein möchten. Erfolg musst du dir immer verdienen.

■ **Kontinuierliches Training:** Erfolg ist ein Prozess, kein Zustand. Kontinuierliches Training und Arbeiten an dir selbst ist erforderlich. Ebenso wie Muskeln ohne Training nach einer gewissen Zeit erschlaffen, erschlafft auch dein Erfolgspotenzial, wenn du nicht ständig daran arbeitest und am Puls der Zeit bleibst. Wer sich auf Erreichtem ausruht, wird schon bald überholt werden, denn die Konkurrenz schläft nicht. Je attraktiver die Position ist, die du aufgrund deines Erfolgs innehast, desto größer ist die Anzahl derer, die ebenfalls gerne deine Position einnehmen würden und hart daran arbeiten, dich von deinem „Thron" zu stoßen.

■ **Anpassungsfähigkeit- und bereitschaft:** Erfolg ist ein relativer Begriff. Erfolgreiche Menschen sind nur dann erfolgreich, wenn sie im Vergleich zu anderen etwas besser machen. Die Welt um uns herum ist dynamisch. Der Wettbewerb verändert sich ständig. Dies setzt die Fähigkeit und Bereitschaft voraus, sich mit veränderten Anforderungen, der Konkurrenz und ihrem Fortschritt fortlaufend auseinanderzusetzen. Hierzu zählen stete Anstrengungen, sich selbst weiterzuentwickeln, um mit der Dynamik Schritt zu halten und immer einen Schritt voraus zu sein.

Auch wenn du in deiner Karriere bereits weit gekommen bist, musst du weiterhin kontinuierlich an dir arbeiten und versuchen, noch besser zu werden. Denn wer aufhört, besser zu werden, hört auch auf, spitze zu sein. Thomas Lurz hat im Jahr 2011 seinen insgesamt zehnten Weltmeistertitel geholt. Sich jedoch angesichts dieser Erfolgsserie auf seinen Lorbeeren auszuruhen und sich darauf zu verlassen, auch bei den Olympischen Spielen 2012 in London die Nase ganz vorn zu haben, wäre ein fataler Fehler. Mit einer solchen Einstellung hält sich keiner an der Spitze – weder im Spitzensport noch auf Spitzenpositionen in der Wirtschaft. Erfolg bedarf nun einmal fortlaufender Anstrengung, um nachhaltig erfolgreich zu bleiben. Ebenso wie eine Schwalbe noch keinen Sommer macht, ist ein einziger Erfolg noch lange kein Versprechen für den nächsten Erfolg oder gar eine langfristig erfolgreiche Karriere. Dies belegen die Werdegänge von Menschen, die einen einmaligen Erfolg erringen konnten, dann jedoch relativ rasch wieder von der Bildfläche verschwanden und allenfalls als „Eintagsfliegen" in Erinnerung blieben.

Wie wir bereits eingangs erwähnt haben, muss jeder selbst definieren, was für ihn persönlich Karriere bedeutet. Es gibt nicht die erstrebenswerte Standardkarriere. Es gibt hierbei kein allgemeingültiges „Richtig oder Falsch". Bei der Gestaltung deiner Karriere geht es einzig und allein darum, dein persönliches Potenzial zu entfalten und dabei einen Weg zu wählen, der dir selbst gerecht wird und dir Möglichkeiten bietet, erfolgreich zu sein. Du hast es selbst in der Hand, das Drehbuch deiner persönlichen Karriere zu schreiben und aktiv die Regie zu übernehmen. Wie dies gelingen kann, stellen wir dir im nachfolgenden Kapitel vor. Dabei nehmen wir Bezug auf die bereits erwähnte Anatomie des Erfolgs und gehen detailliert darauf ein, wie du diese für das Schreiben deines eigenen Karriere-Drehbuchs nutzen und umsetzen kannst.

KAPITEL 2

Career Design

Schreibe das Drehbuch deiner Karriere

„Als ich mit dem Schwimmen begann, war ich im Vergleich zu meinen Altersgenossen recht klein und dünn. Ich sah nicht aus wie jemand, der mal ein herausragender Schwimmer werden würde. Keiner traute mir wirklich eine große Schwimmerkarriere zu. Doch ich selbst hatte eine sehr klare Vision, was ich werden wollte: der schnellste Schwimmer der Welt. Mit dieser Vision im Kopf begann ich, hart zu trainieren. Mit 25 Jahren hatte ich mein Ziel erreicht: Ich wurde zum ersten Mal Weltmeister."

THOMAS LURZ

Wie werde ich erfolgreich? Was kann ich aus eigener Kraft unternehmen, um den Grundstein für eine aussichtsreiche Karriere zu legen und mich meiner persönlichen Vision und meinen persönlichen Zielen – sportlicher oder beruflicher Art – anzunähern? Was unterscheidet junge Menschen, die herausragende Leistungen erzielen und Grenzen überwinden, von Menschen, die Durchschnittsleistungen erbringen und damit schon das Gefühl haben, an ihrem persönlichen Limit zu sein? Wie kann ich ganz konkret ein Drehbuch für meine eigene Karriere schreiben, das die Basis für meine persönliche Erfolgsgeschichte darstellen wird?

Reale Drehbuchschreiber beginnen ihr Werk mit der klaren Formulierung der Idee, was mit ihrem Film ausgesagt werden soll, was die zentrale Botschaft ist. Sehr oft ist die Schlussszene des Films die erste, die zu Papier gebracht wird. Damit haben die Drehbuchschreiber von Beginn an im Kopf, was sie mit ihrem Film aussagen und erreichen möchten. An dieser Idee, an dieser Zielvision richten sie konsequent die einzelnen Szenen ihres Drehbuchs aus. Die Szenen bauen dabei schlüssig aufeinander auf und führen Schritt für Schritt an die zentrale Botschaft des Films heran. Jede Szene erfüllt ihren Zweck, da sie einen Teilschritt auf dem Weg zur zentralen Botschaft des Films darstellt.

Werde dein eigener Drehbuchschreiber und führe dich von der Vision zum Ziel.

Das gleiche Vorgehen empfehlen wir dir beim Schreiben deines persönlichen Karriere-Drehbuchs. Ausgangspunkt ist auch hier die zentrale Frage, was du in deiner persönlichen Karriere einmal erreichen möchtest. Du musst wissen, was du von Herzen willst, was deine persönliche Vision für deine Karriere ist und bei welchen Zielen du Augenfunkeln bekommst. Höre dabei nicht nur auf verkopfte Vernunftargumente, sondern auch auf dein Bauchgefühl. Gefragt ist ein umfassendes Gespür für deine Träume. Träume sind die Kombination aus deiner Vision und deinen Zielen. Sie sind eine Vorahnung deiner Potenziale, die in dir schlummern und darauf warten, abgerufen zu werden. Damit sind Träume wie Vorboten von Leistungen, zu denen du fähig bist. Es geht darum, deine ganz persönliche Zielvision von Karriere zu identifizieren. Daran richtest du konsequent die einzelnen Etappen deiner Karriere – die einzelnen Ziele und damit Szenen deines persönlichen Karriere-Drehbuchs – aus. Mit anderen Worten ausgedrückt: Geh, wohin dein Herz dich trägt, und schreibe ein Drehbuch, wie du dort hingelangst. Konkret musst du dich mit zwei zentralen Aspekten auseinandersetzen:

- zum einen damit, *was* du in deiner Karriere erreichen möchtest. Dies entspricht deiner persönlichen *Vision* der Karriere. Eine Vision ist ein großer, tragender Gedanke von dem, was du aus deiner ganz persönlichen Karrieredefinition heraus einmal erreichen möchtest.

- Zum anderen musst du überlegen, *wie* du diese Vision erreichen kannst. Dies geschieht, indem du einzelne Ziele identifizierst, die dich Schritt für Schritt an deine Zielvision heranführen.

Hierbei hilft es, dir selbst die Fragen der nachfolgenden Checkliste zu stellen, um die Grundlagen für zukünftige Karriereentscheidungen zu schaffen. Die Beantwortung dieser Fragen ist nicht trivial. Sie bedarf einer guten und realistischen Selbsteinschätzung. Vor allem bedarf es absoluter Ehrlichkeit. Denn das Drehbuch deiner Karriere kann nur so authentisch und realistisch sein wie die Inhalte deiner Vision und deine Ziele, die du als Basis für dein Drehbuch heranziehst. Daher ist es sinnvoll, dir ausreichend Zeit für die Auseinandersetzung mit diesen Fragen zu nehmen.

Karriere-Checkliste

- **Klärung der persönlichen Vision von Karriere:** Was will ich in meiner Karriere erreichen? Was ist meine Vision, mein persönlicher Traum von Karriere?
- **Klärung deiner Karriereziele:** Welche einzelnen Ziele muss ich mir setzen, um mich meiner Zielvision Schritt für Schritt anzunähern? Welche Etappenziele möchte ich mir setzen? Welche Ziele können wann realisiert werden? Was ist ein realistischer Zeitplan für die Realisierung meiner einzelnen Ziele?
- **Klärung der persönlichen Voraussetzungen für Karriere:** Welche persönlichen Voraussetzungen bringe ich hierfür in Form individueller Kompetenzen, Stärken, Interessen und Werte mit?
- **Klärung der erforderlichen Mittel zur Zielerreichung:** Wie erreiche ich meine gesetzten Ziele, was brauche ich hierfür, wer kann mich dabei am effektivsten unterstützen?

Im Folgenden werden wir dir konkrete Hilfestellungen geben, wie du die Fragen für dich selbst beantworten kannst und welche Aspekte hierbei zu beachten sind. Einen Überblick bietet die nachfolgende Abbildung 2, die auf der bereits erläuterten Anatomie des Erfolgs aufbaut. Die Abbildung stellt zugleich auch die Gliederungslogik dieses Kapitels dar. Untermalt werden die Hilfestellungen durch persönliche Einblicke in die Karriere und das persönliche Karriere-Drehbuch von Thomas Lurz, das ihn zum Erfolg geführt hat.

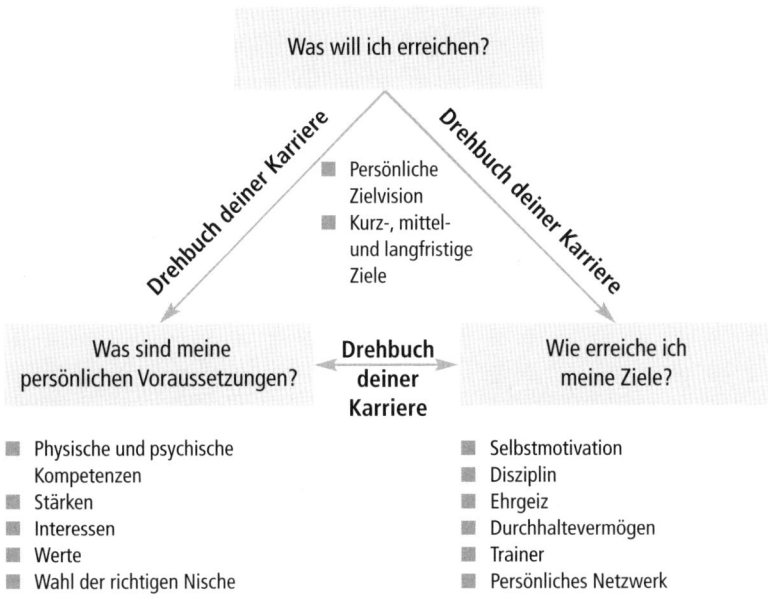

Abbildung 2: Career Design – wie du das Drehbuch der eigenen Karriere schreibst

Welche Ziele führen an meine Zielvision heran?

Zu deiner persönlichen Vision von Karriere gelangst du über dein Herz, über deine Intuition. Zu deinen Zielen hingegen gelangst du über deinen Kopf, über deine Ratio. Beide Dimensionen, Intuition und Ratio, müssen miteinander in Einklang gebracht werden, um auf eine erfüllende Karriere hinarbeiten zu können. Wie bereits erwähnt, liefert deine Vision die Antwort auf die Frage nach dem „Was du in deiner Karriere einmal erreichen möchtest", während deine Ziele die Frage „Wie gelange ich zu meiner Zielvision?" beantworten. Jeder erfolgreiche Mensch braucht viele Ziele zur Realisierung seiner persönlichen Zielvision. Es sind Teiletappen auf dem

Weg zum großen Ziel. Metaphorisch kannst du dir die Besteigung eines anspruchsvollen Berges vorstellen. Der Gipfel stellt deine Zielvision dar, die einzelnen Tagesmärsche sind deine Einzelziele, die Schritt für Schritt an den Gipfel heranführen, während du dich in deiner Karriere fortbewegst. Dies braucht Zeit. Manchmal braucht es die gesamte Dauer einer Karriere, bis die Zielvision erreicht ist. Aber bereits kleine, dafür stete Schritte führen an die Zielvision heran.

Was macht nun eigentlich eine gute persönliche Zielvision aus? Wie fühlt sie sich an? Der bekannte Business-Experte Hermann Scherer beantwortet dies wie folgt: „Visionen sind verrückt, anspruchsvoll, riesengroß und weit weg. Aber sie sollen um alles in der Welt Wirklichkeit werden! Im Versuch des Unmöglichen ist das Mögliche doch erst entstanden" (vgl. Scherer 2011).

Thomas Lurz war von frühester Kindheit an ein talentierter Schwimmer. Er verfolgte seine Zielvision „Schwimmweltmeister werden" mit all seiner Willenskraft und Energie und leitete aus seiner Zielvision einzelne Zieletappen ab, die ihn an seine übergeordnete große Zielvision heranführten. Dieses Prinzip haben wir in nachfolgender Abbildung dargestellt:

Strategie der steten Schritte in Richtung Zielvision

Abbildung 3: Strategie der steten Schritte – wie du deine Zielvision Schritt für Schritt erreichst

Viele Menschen starten ihren beruflichen Weg auf Basis von Versuch und Irrtum. Zeit- und vor allem auch energiesparender ist es, vorher nachzudenken, indem erst eine Vision als Zielort definiert und dann entlang einzelner Etappenziele losmarschiert wird. Es geht darum, möglichst frühzeitig eine persönliche Zielvision für deine eigene Karriere zu entwickeln. An diesem Zielbild richtest du dann konsequent und systematisch deine einzelnen Ziele und damit Entwicklungsschritte aus, die dich deinem Ziel Schritt für Schritt näherbringen. Denn was erfolgreiche Menschen – ob aus dem Sport oder aus der Wirtschaft – gemeinsam haben, ist die große Sehnsucht nach Erfolg. Die Sehnsucht speist sich dabei aus ihrer persönlichen Zielvision, ihrem Traum, den sie im Kopf haben, der sie nicht loslässt und dem sie Tag für Tag hinterherjagen. Der erste unabdingbare Schritt in Richtung Erfolg beginnt also immer mit der Formulierung einer klaren Zielvision und daraus abgeleiteter Ziele.

Zugegeben: Gerade in jungen Jahren – insbesondere zu Beginn einer Karriere – ist es alles andere als leicht, eine klare persönliche Zielvision zu entwickeln. Gefragt ist eine große Vorstellungskraft, gepaart mit dem Mut, sich anspruchsvolle Ziele in den Kopf zu setzen und seinen persönlichen Traum für sich klar formulieren zu können. Den meisten fällt es schwer, eine persönliche Vision zu entwickeln, die zu Beginn der Karriere noch weit entfernt – ja vielleicht sogar vermessen – erscheint. Deine Vision von Karriere ist etwas sehr Persönliches. Niemand verlangt von dir, dass du sie offen aussprichst und damit Tür und Tor für Einwände und Bedenken von außen öffnest, die wie Gift für große Visionen wirken. Es geht lediglich darum, dass du für dich persönlich deine Karriere-Vision identifizierst. Denn ohne eine solche kannst du keine Karriere zielführend planen. Es fehlt dann eine klare Zielvorstellung, der du konsequent folgen kannst – gerade auch dann, wenn du mal eine vorübergehende Durststrecke oder Rückschläge in deiner Karriere hinnehmen musst. Die Zielvorstellung ist dann wie dein persönlicher Leuchtstern.

Eine klare Zielvorstellung ist wie ein Leuchtstern, dem du im Verlauf deiner Karriere folgen kannst.

Wer Erfolg haben will, benötigt Zielvisionen, die zu einem passen. Gibt es unerreichbare Visionen? Ja, die gibt es. Es sind alle Visionen, die nicht zu dir passen. Sehr erfolgreiche Menschen, die rückblickend gefragt werden, was aus ihrer Sicht der ausschlaggebende Grund für ihren Erfolg gewesen ist, antworten häufig: „Dass ich meinem Herzen gefolgt bin." Sie haben bei der Formulierung ihrer persönlichen Zielvision auf ihre innere Stimme gehört.

Um nun eine persönliche Karriere-Vision zu identifizieren, die zu dir passt, musst du dich zunächst einmal intensiv und ehrlich mit dir selbst auseinandersetzen. Du musst aufmerksam in dich selbst hineinhören und dir über die folgenden Aspekte für deine Karriere klar werden:

- was du willst,
- was du dir zutraust,
- wofür du brennst,
- was du zu investieren bereit bist,
- wonach du von Herzen strebst.

Der Blick in die Zukunft fällt oftmals schwer, gerade wenn damit anspruchsvolle, ambitionierte Zielvorstellungen verbunden sind, von denen du nicht wissen kannst, ob sie sich tatsächlich genauso realisieren lassen. Die gute Nachricht aber ist: Das ging bislang allen erfolgreichen Menschen so, die einige Jahre später Außergewöhnliches geleistet haben und eine höchst erfolgreiche Karriere verwirklichen konnten.

Es gibt eine einfach erscheinende, aber hilfreiche Technik, deiner persönlichen Vision näherzukommen und zu identifizieren, was dich von innen heraus antreibt und wonach du strebst. Diese Technik wird auch oft in Unternehmen im Rahmen von Führungskräftetrainings verwendet, um Führungskräfte zu befähigen, eine persönliche Vision von Führung zu entwickeln. Alles, was du für die Technik brauchst, ist ein großer weißer Bogen Papier, eine Schere, Klebstoff und unterschiedliche Zeitschriften und Magazine mit unterschiedlichen Bildern und Motiven. Gefragt sind außerdem deine Vorstellungskraft, Offenheit für deine Bedürfnisse und ausgeprägte Ehrlichkeit zu dir selbst. Deine Aufgabe lautet, deine persönliche Zielvision deiner Karriere in Form einer Bildercollage darzustellen. Wichtig dabei ist, dass du dir darüber hinaus auch eine Zielvorstellung für dein Privatleben vor Augen rufst, das sich mit deiner Karriere vereinbaren lassen muss. Dafür wählst du diejenigen Bilder und Motive aus, die dich am meisten ansprechen und deiner Zielvorstellung am ehesten entsprechen. Diese fügst du in deiner ganz persönlichen Collage zusammen. Lass dich dabei in einem ersten Schritt von folgenden Fragen leiten:

Wie sieht mein Leben in fünf oder zehn Jahren aus, wenn ich mir vorstelle, dass ich beruflich und privat

- alles erreicht habe, was ich wollte,
- ein erfülltes Leben führe,
- richtig zufrieden mit meinem Leben bin?

Diese Leitfragen sind weiter zu konkretisieren und in Bildern ausgedrückt in deiner Collage darzustellen. Hilfreich hierfür sind im nächsten Schritt die folgenden Fragen, wenn du in die Zukunft blickst und dir ein Idealbild im Kopf ausmalst:

- Wie sehe ich konkret bei meiner Arbeit aus? Wie bin ich gekleidet?
- In welchen Räumlichkeiten arbeite ich?
- Was zeichnet mein soziales Arbeitsumfeld aus? Welche Kollegen habe ich? Wie arbeiten wir zusammen? Wie gehen wir miteinander um?
- Wie sieht mein Privatleben aus? Was zeichnet dieses aus? Was möchte ich beruflich und privat schon erreicht haben?

Du wirst schnell merken, welche Bildmotive dich stark ansprechen. Dabei kommt es auch auf die Kombination unterschiedlicher Motive an, die du nach deinem persönlichen Belieben in deiner Collage zusammenfügst. Lass dich bei der Auswahl deiner Bildmotive sowohl von deinem Verstand als auch von deinen Emotionen leiten. Mit dieser einfachen Technik kannst du dich deiner persönlichen Vision auf zweierlei Wegen annähern, die sich ergänzen und dir Erkenntnisgewinne liefern.

- Erkenntnisgewinn Nummer eins ist die *Konkretisierung deiner Vision*, die durch das Zusammenfügen deiner Collage hervorgerufen wird. Du hast nicht länger ein vages, sondern ein konkreteres und damit auch greifbareres Bild deiner Zielvision vor Augen. Je konkreter du deine Zielvision identifizieren kannst, desto zielgenauer kannst du darauf hinarbeiten und die erforderlichen Teiletappen ableiten.
- Erkenntnisgewinn Nummer zwei ist die *Identifizierung deiner emotionalen Wunschebene*, die dich leitet und die durch die Auswahl deiner

Bilder greifbar gemacht wird. Die emotionale Wunschebene ist oftmals schwer mit Worten zu beschreiben. Die meisten Menschen, die nach ihren tiefsten Wünschen und Bedürfnissen gefragt werden, tun sich schwer, hierfür passende und präzise Worte zu finden. Durch die Bilder machst du sie explizierbar und für dich selbst beschreibbar. Du weißt damit, wonach du von innen heraus strebst und was deine tiefsten emotionalen Wünsche für eine erfolgreiche Karriere, gepaart mit einem erfüllten Privatleben, sind.

Es geht darum, schon am Anfang deiner Karriereentwicklung ein für dich persönlich erstrebenswertes Zielbild im Kopf zu haben. Das ist die Kernidee einer Vision. Dieses Zielbild wird durch eine Collage plastisch dargestellt. Hierfür gibt es grundsätzlich kein Standardrezept für richtig oder falsch. Einzig und allein du entscheidest darüber, was für dich persönlich eine erstrebenswerte Zielvision ist.

„Think big!" Deine Vision und die daraus abgeleiteten Etappenziele müssen anspruchsvoll und zugleich realistisch sein, um eine motivierende Wirkung zu entfalten.

Wir können dir versichern: Das Erreichen deiner persönlichen Vision und deiner persönlichen Ziele wird dir große Gänsehaut-Momente bescheren. Hingegen würdest Du niemals derartige Gänsehaut-Momente erleben, wenn Kleinmut und bescheidene Ziele deine Karriereentscheidungen prägen würden. Es lohnt sich also, mutig zu denken. Wage es, von großen Visionen und Zielen zu träumen. Lerne daher von Beginn an, groß zu denken, vor allem auch visionär zu denken und dir deinen Erfolg möglichst konkret im Kopf auszumalen. Stelle hierbei dein eigenes Licht nicht unter den Scheffel und unterschätze dein Leistungsvermögen nicht. Wer groß denkt, vergrößert seine Chancen auf Erfolg. Dies steckt hinter dem Prinzip: „Aim high, get high." Denn eine klare Zielvision im Kopf löst Handlungen aus, die Schritt für Schritt zum Erfolg beitragen. Große Visionen können erreicht werden. Viele erfolgreiche Menschen haben dies bereits vorgemacht. Du musst nur sicherstellen, dass du dich dieser Vision möglichst jeden Tag durch aktives Handeln annäherst, in die richtige Richtung läufst und dich nicht beirren lässt. Wir empfehlen dabei die Strategie der steten Schritte. Viele kleine Schritte in Richtung Ziel ergeben in Summe einen großen Schritt. Im Zeitablauf wirst du den Fortschritt sehen. Und jede lange Reise beginnt schließlich zunächst einmal mit dem ersten kleinen Schritt.

Du musst dich selbst gut kennen. Denn nur so kannst du dir eine große Vision und ambitionierte Ziele setzen, die zu dir passen. Nur so wirst du auf deinem Karriereweg wirklich erfolgreich sein und aus deinem tiefsten Inneren immer wieder Kraft für die Erreichung deiner anspruchsvollen Vision und Ziele schöpfen können. Dabei gilt es, auf deine innere Stimme zu hören. Wenn du deine innere Stimme zu selten zu Wort kommen lässt, kannst du ihr gezielt Gehör verschaffen, indem du Fragen an dich selbst stellst. Denn wenn du Fragen stellst, wirst du immer auch Antworten erhalten. Stell dir daher die nachfolgenden Fragen so ehrlich wie möglich und lass deinen Gedanken freien Lauf. Was zählt, ist einzig und allein das, was du für dich persönlich als Ziel deiner Karriere definierst, nicht was andere für dich möchten. Nachfolgende Karriere-Checkliste soll dir helfen, ein klareres Bild deiner persönlichen Zielvision zu entwickeln. Du kannst diese Fragen heranziehen, wenn du Inspirationen für das Erstellen deiner persönlichen Collage benötigst.

Karriere-Checkliste

- Von welcher Zielvision träume ich, wenn ich es mir frei aussuchen kann?
- Wenn ich an bisherige Erfolge von mir zurückdenke: Was lerne ich daraus für meinen weiteren Werdegang?
- Wen kenne ich, der Großartiges erreicht hat? Was reizt mich daran genau? Zu was inspirieren mich derartige Erfolgsgeschichten? Wo gibt es Parallelen zu mir selbst?
- Was möchte ich erreicht haben, um auf mich selbst stolz sein zu können?
- Was wäre die Krönung meines Werdegangs? Was wäre der absolute Hammer, wenn ich dies erreichen würde?
- Wie würde sich das Erreichen dieses Ziels anfühlen? Welche Bilder schießen mir in den Kopf, wenn ich an das Erreichen dieses Ziels denke? Was wäre damit verbunden?

Warum ist es uns so wichtig, dass du dich mit deiner persönlichen Zielvision auseinandersetzt? Warum betonen wir diesen Punkt so stark? Die Antwort soll nachfolgendes Sprichwort geben, das wir für den Kontext der eigenen Karrieregestaltung für sehr treffend halten:

> „Für ein Segelschiff, das seinen Hafen nicht kennt,
> gibt es auch keinen günstigen Wind."

Übersetzt bedeutet dies: Wer seine persönliche Zielvision für den eigenen Werdegang nicht klar formulieren kann, wird es schwer haben, seiner Karriere eine klare Richtung zu geben. Eine „Irrfahrt" mit vielen Umwegen ist dann sehr wahrscheinlich. Denn an was richtest du ohne eine klare Vision, ohne einen hellen Leuchtstern, einzelne Entwicklungsschritte und damit die Einzeletappen deiner Karriere aus? Überlässt du es dem Zufall, ob der nächste Karriereschritt für dich persönlich der richtige ist, weil er dich näher an das heranführt, wovon du träumst? Möchtest du in Kauf nehmen, dass du dein Potenzial womöglich nie ausschöpfst? Möchtest du mangels einer klaren Zielvision einen Werdegang wählen, mit dem du weit unter deinen Möglichkeiten zurückbleibst, weil du deine Stärken und Interessen nicht einbringen und verwirklichen kannst? Möchtest du viele Jahre später einmal enttäuscht zurückblicken und dich wundern, warum du nicht mehr aus deinen Fähigkeiten und Potenzialen gemacht hast? Möchtest du wie ein Zaungast zusehen, wie andere um dich herum ihre persönlichen Ziele realisieren und Karriere machen, während du orientierungslos durch dein Leben gehst? Vermutlich nicht.

An dieser Stelle möchten wir erneut den Business-Experten Hermann Scherer zitieren, der die Notwendigkeit einer klaren Zielvision treffend, wenn auch bewusst überspitzt beschreibt: „(…) jeder Tag, den Sie nicht auf das Ziel zulaufen, ist vorbei und verloren, er kommt nie wieder. Während wir das Ziel aus den Augen verlieren, bummeln und trödeln wir durch die Gegend, sind ständig beschäftigt, aber schaffen nichts" (vgl. Scherer 2011).

Für einen Sportler wie Thomas Lurz lässt sich eine persönliche Zielvision sehr konkret formulieren: Er möchte „der schnellste Schwimmer der Welt auf den Langstrecken im Freiwasser" werden. Erfolg ist für einen Spitzensportler sehr genau messbar. Es geht um erreichte Siege, Platzierungen, um konkrete Ergebnisse und Zeiten bei Wettkämpfen. Je konkreter eine Zielvision ist, desto zielorientierter kann ein Sportler darauf hinarbeiten. So geben beispielsweise die im Training erzielten Zeiten darüber Auskunft, wie fit man als Sportler derzeit ist, wo man im Vergleich zur Weltspitze steht und woran man noch arbeiten muss, um sein Ziel besser erreichen zu können. Thomas Lurz hat für sich die klare Zielvision formuliert, das Langstreckenschwimmen im Freiwasser zu dominieren. Sein Training ist genau auf diese klare Zielvision abgestimmt. Es würde völlig anders aussehen, wenn seine Vision lauten würde, auf den kurzen Sprintstrecken im Becken erfolgreich zu sein. Seine klar formulierte Zielvision ermöglicht es ihm, sich zielgenau vorzubereiten. Damit kann er möglichst effizient sowohl mit seiner Zeit als auch mit seiner Energie umgehen.

Kurz- und mittelfristige Ziele lassen sich leichter formulieren als eine langfristige Zielvision für deine Karriere. In den ersten Jahren als Berufsanfänger können die kurz- und mittelfristigen Ziele beispielsweise lauten,

- möglichst viel zu sehen und spannende Einblicke in relevante Aufgabenfelder zu erhalten,
- möglichst viel über deine eigenen Kompetenzen, Stärken, Interessen und Werte zu erfahren,
- interessante Entwicklungsperspektiven kennenzulernen, die für deinen eigenen Werdegang zielführend und spannend sein können,
- und vor allem dein fachliches und soziales „Handwerkszeug" systematisch zu erlernen, das du für deinen weiteren Werdegang benötigst.

Aber um überhaupt erst entscheiden zu können, was du in den ersten Jahren deiner beruflichen Laufbahn lernen solltest, brauchst du eine Zielvision deiner langfristigen Karriere. Nur diese kann dir Orientierung geben.

Doch wie kann eine Zielvision einer beruflichen Karriere in der Wirtschaft lauten und wie konkret muss sie sein, um ihre Wirkung entfalten zu können? Die wenigsten jungen Nachwuchskräfte in der Wirtschaft können zu Beginn ihres Werdegangs eine konkrete Position definieren, die sie als langfristiges Ziel für ihre Karriere benennen würden. Wer weiß denn beispielsweise nach Abschluss eines betriebswirtschaftlichen Studiums schon, dass er „Bereichsleiter Marketing in einem DAX-30-Konzern" werden möchte?

Hierzu wären detaillierte Kenntnisse über spannende und erstrebenswerte Positionen im Unternehmen erforderlich. Doch genau diese Einblicke hat man zu Beginn des Berufslebens in der Regel noch nicht. Auch hier wieder eine gute Nachricht: Es ist gar nicht erforderlich, konkrete Zielpositionen zu Beginn seines beruflichen Werdegangs identifizieren zu können. Die Kenntnis von persönlichen Karriere-*Eckpfeilern*, die ein späteres Karriereziel umschreiben, reichen an Detaillierungsgrad völlig aus. Jene Eckpfeiler können dann im Lauf der Zeit Schritt für Schritt konkretisiert und näher beschrieben werden. Dies fällt mit zunehmender Berufserfahrung und besserer Kenntnis der eigenen Interessen, Werte, Kompetenzen und Stärken von Jahr zu Jahr leichter. Denn schließlich erhältst du während deiner Berufstätigkeit laufend Feedback zu deinen Leistungen und Potenzialen, erfährst immer mehr über dich selbst und kannst dies für die Konkretisierung deiner Karriere-Eckpfeiler nutzen. Dies kann auch dazu führen, dass du gegebenenfalls im Zeitablauf den einen oder anderen Karriere-Eckpfeiler neu hinzunehmen oder auch einen bisherigen wieder verwerfen wirst.

Welche Vorgehensweise empfehlen wir dir für die Formulierung deiner Karriere-Eckpfeiler? Gerade wenn du noch nicht über langjährige Berufserfahrung verfügst, halten wir es für sinnvoll, dass du ganz bewusst Karrieren anderer Menschen betrachtest, die dich beeindruckt haben und deren Werdegänge für dich inspirierend erscheinen. Durch diesen Blick nach außen gewinnst du Eindrücke, die du für die Gestaltung deines eigenen Werdegangs nutzen kannst. Vor allem aber ist es wichtig, dass du deinen Blick nach *innen* richtest. Dies gelingt dir, indem du dich mit nachfolgenden Fragen auseinandersetzt, die dir Aufschluss über passende persönliche Karriere-Eckpfeiler geben können:

Karriere-Checkliste

- ◼ Möchte ich selbstständiger Unternehmer mit Verantwortung für mein eigenes Unternehmen oder lieber Arbeitnehmer sein?
- ◼ Möchte ich einmal Führungsverantwortung tragen und Mitarbeiter führen?
- ◼ Möchte ich in einem bestimmten Fachgebiet ausgewiesener Experte sein?
- ◼ Möchte ich mich spezialisieren – mit tiefen Expertenkenntnissen – oder finde ich es reizvoller, mich möglichst breit zu qualifizieren mit generalistischen Kompetenzen?

- Möchte ich möglichst viel Verantwortung und Einfluss ausüben? Strebe ich nach Macht?
- Möchte ich einmal aus der breiten Masse hervorstechen? Möchte ich etwas ganz Besonderes leisten?
- Wünsche ich mir maximale Sicherheit in meiner Karriere oder bin ich risikobereit?
- Möchte ich maximale Freiheiten in meinem Beruf genießen?
- Möchte ich kreativ sein können?
- Gibt es eine bestimmte Branche, die mich am meisten reizt? Wie sieht die Zukunftsprognose für diese Branche aus?
- Wie wichtig ist mir eine ausgewogene Work-Life-Balance? Was verstehe ich konkret darunter?
- Wie viel und wie hart bin ich bereit, zu arbeiten? Wie belastbar bin ich?

Wenn du dir diese Fragen beantwortet hast, hast du wesentliche Karriere-Eckpfeiler für die Gestaltung deiner Karriere identifiziert. Eine auf Basis dieser Eckpfeiler abgeleitete ambitionierte Zielvision einer beruflichen Karriere könnte nun beispielsweise lauten: „Ich möchte ein anerkannter und nachgefragter Marketingexperte in der Automobilbranche – eine Koryphäe auf meinem Fachgebiet – werden. Ich möchte klar aus der Masse hervorstechen und in der Hierarchie weit nach oben klettern. Ich möchte Einfluss ausüben und Menschen für meine Ideen gewinnen. Ich möchte meinen Beruf mit Familie vereinbaren können, aber ich schrecke nicht vor langen Arbeitszeiten und Dienstreisen zurück. Im Gegenteil: Letztere sind für mich spannend, denn ich möchte möglichst viel von der Welt sehen und Abwechslung im Berufsalltag haben.“

Das Beispiel zeigt: Eine Zielvision für eine persönliche Karriere muss nicht von Beginn an auf eine konkrete Zielposition ausgerichtet sein, um dennoch eine klare Orientierung für deine Karriereplanung geben zu können. Mit einem solchen anspruchsvollen Zielbild vor Augen allerdings kannst du ausreichend klar definieren, wo du hin willst. Auf dieser Basis kannst du dann einzelne Karriereschritte ausplanen, die sukzessive an die persönliche Zielvision deiner Karriere heranführen. Auch wenn deine persönliche Zielvision anders als das oben angeführte Beispiel lauten mag, bleibt das Prinzip immer dasselbe.

Die Notwendigkeit einer persönlichen Zielvision mag sich für viele Menschen abschreckend, vielleicht auch übertrieben anhören. Denn es kann doch viel reizvoller sein, ohne Ziel und Plan sowie völlig frei von selbstgemachtem Druck in den Tag hinein zu leben und abzuwarten, was kommt. Sich einfach entspannt treiben zu lassen. Aus unserer Sicht ist dies tatsächlich reizvoll – allerdings für limitierte Zeiträume wie beispielsweise im Urlaub –, um die Energiereserven wieder aufzufüllen und erneut Lust auf Leistung zu bekommen. Als dauerhaftes Lebensmodell allerdings ist ein zielloses „Sich-treiben-lassen" nicht geeignet, wenn du erfolgreich sein und dein Potenzial ausschöpfen möchtest. Denn es führt dazu, ein Leben unter seinen Möglichkeiten zu führen und zuzusehen, wie andere Herausragendes leisten und Karriere machen. Von nichts kommt nichts. Erfolgreiche Menschen wissen das.

Ein Thema ist uns an dieser Stelle sehr wichtig: Höre bei der Formulierung deiner Zielvision auf dein *eigenes* Bauchgefühl und deine *eigene* innere Stimme. Zu viele Menschen gehen erschreckend lustlos ihren Karriereweg, der nicht von den eigenen, sondern von fremden Wünschen gesteuert wird. Es muss *dein* Traum sein, nicht der Traum, den jemand anders für dich im Kopf hat. *Du* musst für deine persönliche Zielvision brennen, niemand anders.

Lass dich bei der Planung deiner Karriere beraten,
aber lass dich nicht in deinen Träumen manipulieren.

Denn es geht hierbei um nichts anderes als die wichtige Entscheidung:

- Möchtest du leben oder gelebt werden?
- Möchtest du deinen Traum von Erfolg leben oder den Traum, den jemand anders für dich für richtig hält?

Daher unsere dringende Empfehlung: Bleibe authentisch, deinen eigenen Zielen und damit dir selbst treu. Es ist *deine* Kraft und Energie, die du in deine Ziele investierst. Dies schließt natürlich niemals aus, dass du dich von Menschen beraten lässt, die dir nahestehen, dich gut kennen und es gut mit dir meinen. Solche Beratung ist hilfreich, solange du dir das letzte Wort vorbehältst und zu dem stehst, was du selbst von ganzem Herzen möchtest und vertreten kannst. Eines musst du dabei bedenken: Es bedarf sehr oft erheblichen Mutes, zu den eigenen Zielen zu stehen und nicht in die vorgesehenen, bereits vorgewärmten Fußstapfen von jemand anders zu treten. Vorgewärmte Fußstapfen mögen bequem sein, aber nicht unbedingt passend. Es müssen schon Schuhe sein, die du von Herzen selber anziehen und tragen möchtest. Persönliche Träume lassen sich nun mal nicht delegieren. Die Entscheidung, deinem persönlichen Traum, deiner Zielvision, hinterherzujagen, triffst du in letzter Konsequenz selbst. Es wäre bedauerlich, nach vielen Jahren und viel aufgebrachter Zeit und Energie realisieren zu müssen, dass du fremden Zielen hinterhergejagt bist, die nicht zu dir passen und dich selbst bei vollständiger Zielerreichung niemals befriedigen würden.

Um die persönliche Motivationskurve aufrechtzuerhalten und Teilerfolge zu erleben, ist es empfehlenswert, sich realistische, aber gleichzeitig ambitionierte kurz-, mittel- und langfristige Ziele zu setzen. Dies ermöglicht Erfolgserlebnisse in regelmäßigen Abständen, aber auch klare Erfolgskontrollen der eigenen Leistung. Du gibst dir damit die Antwort auf folgende Fragen:

- Bin ich in meinem persönlichen Werdegang richtig unterwegs?
- Was sind meine herausragendsten Stärken, wie kann ich diese weiter ausbauen?
- In welchen Punkten muss ich noch besser werden?
- Was lerne ich aus erreichten Teilerfolgen?
- Wie kann ich diese Erfahrungen und mein gestärktes Selbstbewusstsein für noch größere Erfolge nutzen?

Genauso geht Thomas Lurz bei der Planung seiner Ziele für die nächsten Jahre vor. Kurzfristige Ziele sind für ihn beispielsweise Weltcups, die mehrmals pro Jahr stattfinden. Sie dienen als Leistungskontrolle unter Wettbewerbsbedingungen und schaffen unterjährige Kicks für seine Motivation sowie Abwechslung im Trainingsalltag. Mittelfristige Ziele sind für Thomas die wiederkehrenden Saisonhöhepunkte wie Europa- oder Weltmeisterschaften. Sie bieten ihm hervorragende Möglichkeiten, sich in regelmäßigen Abständen mit den Besten der Welt zu messen und die eigene Form im Vergleich zur Konkurrenz zu überprüfen. Erfolge bei Europa- und

Weltmeisterschaften bauen zudem Selbstvertrauen auf, optimistisch das langfristige Ziel seiner Karriere anzupacken. Dies sind für Thomas die Olympischen Spiele 2012 in London, die dritten Olympischen Spiele seiner Karriere. Die konkrete Zielvision von Thomas' Karriere lautet: Olympisches Gold gewinnen. Denn dies ist die einzige Medaille, die ihm in seiner Sammlung noch fehlt. Diese Vision gibt klare Orientierung bei der Vorbereitung auf dieses ehrgeizige Ziel. Vor allem aber wirkt sich diese Zielvision positiv auf Thomas' Motivation und Selbstdisziplin aus, die für das tägliche harte Training und die Entbehrungen eines Spitzensportlers unabdingbar sind.

An der Stelle ist uns ein Kommentar zur zeitlichen Realisierbarkeit von Erfolg wichtig: Allen, die erfolgreich sein möchten, muss klar sein, dass es für Erfolg und für Karriere ein limitiertes Zeitfenster gibt. Denn die Zahl der Tage, an denen du den Grundstein für deinen späteren Erfolg und deine Karriere legen kannst, ist endlich.

Für Karriere hast du nicht ewig Zeit,
daher musst du das limitierte Zeitfenster nutzen.

Viel zu oft merken Menschen erst dann, wenn es zu spät ist, dass sie *härter* an ihren Zielen hätten arbeiten oder sich *früher* hätten entscheiden und aktiv werden müssen. Natürlich ist es empfehlenswert, sich für seine Denk- und Entscheidungsprozesse ausreichend Zeit zu nehmen. Aber irgendwann müssen wirksame Schritte zur Zielerreichung gemacht werden, sonst bleiben alle Visionen und Wünsche bunte, aber ferne und niemals realisierte Träume. Im Klartext heißt das: Persönliche Ziele können verbummelt werden. Wer mit spätestens Mitte Zwanzig als Leistungssportler nicht an der Weltspitze angekommen ist, wird dort vermutlich niemals mehr ankommen. Auch wenn für eine erfolgreiche Karriere in der Wirtschaft das Zeitfenster grundsätzlich länger als im Spitzensport offensteht, weil berufliche Karrieren bis ins Renteneintrittsalter reichen, ist auch hier der Grundstein für herausragenden Erfolg möglichst frühzeitig zu legen. Denn wer nicht möglichst früh in seinem Werdegang durch Zielstrebigkeit, Kompetenz und Belastbarkeit auffällt sowie frühzeitig Signale zur Bereitschaft für größere

Verantwortungsübernahme aussendet, wird vermutlich keine herausragende Karriere machen. Den Weg nach oben sind dann andere gegangen. Den genauen Zeitpunkt bestimmst du selbst. Aber ohne zum richtigen Zeitpunkt aktiv zu werden, ist eine Weiterentwicklung nicht möglich. Und damit schließt sich der Kreis: Nur wer an sich selbst und seine Ziele glaubt und dafür brennt, wird bereit sein, aktiv zu werden und alle erforderlichen Kräfte zu mobilisieren, die für die Zielerreichung notwendig sind. Dann werden auch Krisen überstanden und Steine aus dem Weg geräumt.

Zusammengefasst heißt das: Das Leben ist keine Generalprobe. Die Chance, erfolgreich zu werden und den Grundstein für seine Karriere zu legen, ist für junge Menschen im Hier und Jetzt gegeben. Wer im Leben vorankommen und anspruchsvolle Ziele erreichen möchte, muss sich dafür anstrengen und sich Schritt für Schritt über einzelne Etappenziele an seine Zielvision heranarbeiten. Nach einem Ziel zu streben, ohne die hierfür erforderlichen Maßnahmen zu ergreifen und einfach so weiterzumachen wie bisher, wird sehr wahrscheinlich nicht zum Ziel führen. Erfolge werden nun mal nicht von einer bequemen Hängematte im Garten heraus realisiert.

Nachdem wir dir nun ausführlich die Notwendigkeit einer persönlichen Zielvision von Karriere sowie Möglichkeiten zu deren Ableitung erläutert haben, möchten wir dir einen weiteren wichtigen Bestandteil der Anatomie des Erfolgs vorstellen: die jeweiligen persönlichen Voraussetzungen für Erfolg.

Was sind meine persönlichen Voraussetzungen?

„Ich bin mit 1,83 Meter für einen Weltklasseschwimmer relativ klein. Zudem habe ich recht kleine Hände und kleine Füße. Nach meinen ersten Olympischen Spielen in Athen und einem unbefriedigenden 22. Platz blickte ich nach dem Rennen enttäuscht in den Spiegel und wusste, dass ich mich von meiner Lieblingsstrecke, dem 1.500-Meter-Freistil im Becken, verabschieden musste. Zweifelsohne: Ich liebte die Strecke, ich tue es immer noch. Aber ich habe einfach nicht die persönlichen Voraussetzungen, über diese Strecke ganz vorne an der Weltspitze mitzuschwimmen. Die Schwimmer der Weltspitze sind muskulöser und größer gebaut. Ich musste mir in Athen eingestehen, dass ich trotz des harten Trainings meine persönliche Leistungsgrenze erreicht hatte. Die absolute Weltspitze würde schneller sein, egal wie viel ich trainieren würde. Aber

ich entwickelte auch ein Gespür dafür, worin ich außerordentlich stark bin. Ich realisierte, dass ich mir eine Nische suchen musste, in der ich meine persönlichen Stärken voll entfalten konnte. Ich bin von meiner Figur her der geborene Ausdauerathlet: drahtig und schlank. Daher begann ich, mich auf die langen Fünf- und Zehn-Kilometer-Strecken im Freiwasser zu konzentrieren. Für diese Strecken bringe ich ideale persönliche Voraussetzungen mit, sowohl physisch als auch psychisch. Meine Stärken kann ich hier voll entfalten. Noch im selben Jahr der Umstellung auf die langen Strecken im Freiwasser erreichte ich die Weltspitze. Ein weiteres Jahr später begann ich, das Freiwasserschwimmen zu dominieren. Erst durch die intensive Auseinandersetzung mit meinen persönlichen Voraussetzungen, die Konzentration auf meine persönlichen Stärken und die Wahl der richtigen Nische habe ich den großen Durchbruch in meiner Karriere geschafft."

THOMAS LURZ

Eines der Erfolgsgeheimnisse von Thomas Lurz lautet: Kenne deine persönlichen Grenzen. Vor allem aber – und das ist noch wichtiger – kenne deine persönlichen Voraussetzungen für Erfolg. Und dann suche dir deine Nische und erbringe dort herausragende Spitzenleistungen.

Es geht eine besondere Energie von Menschen aus, die genau ihren Platz – ihre persönliche Nische – gefunden haben und dort aufblühen. Sie wissen, dass sie dort genau richtig aufgehoben sind. Sie spüren, wie gut sie in ihrer Nische sind, sie haben Freude an ihren Aufgaben und sie sehen den Sinn hinter dem, was sie tun. Nicht viele Menschen verfolgen konsequent dieses Erfolgsgeheimnis. Es ist verblüffend und gleichzeitig sehr schade, zu sehen, wie groß das Potenzial vieler junger Menschen ist und wie wenig sie daraus machen, weil sie schlicht und einfach ihre persönlichen Voraussetzungen für Erfolg nicht kennen und daher nicht gezielt nutzen oder sich eine falsche Nische suchen. Oftmals erkennen sie ihre persönlichen Grenzen nicht oder wollen sie nicht wahrhaben. Oder sie verbringen viel Zeit und Energie damit, an ihren Defiziten zu arbeiten. Anstatt sich auf ihre individuellen Stärken zu konzentrieren, warten sie dann viel zu oft vergeblich darauf, dass der Erfolg zu ihnen kommt und der Karrieredurchbruch gelingt. Eine frustrierende Erfahrung, die vermeidbar ist.

Was zählt nun aber genau zu den persönlichen Voraussetzungen für Erfolg? Was verbirgt sich dahinter? Hierzu zählen deine individuellen physischen und psychischen Kompetenzen, Stärken, Interessen und Werte. Auf Basis deiner persönlichen Voraussetzungen für Erfolg kannst du dann die passende Nische für dich auswählen. Ausschlaggebend ist, dass du dich möglichst umfassend und tiefgehend deiner individuellen physischen und psychischen Kompetenzen, Stärken, Interessen und Werte bewusst wirst. Denn sie bilden ein starkes Fundament, das nicht nur deine Karriere und persönlichen Erfolge, sondern auch deine berufliche Zufriedenheit fördern wird.

Wer seine persönlichen Voraussetzungen und die daraus entstehenden Erfolgs- und Karrieremöglichkeiten kennt und nutzt, hat einen entscheidenden Schritt unternommen, seiner eigenen Karriere den Weg zu bereiten.

Was bedeuten nun die persönlichen Voraussetzungen im Einzelnen? Vor allem: Was sind die Konsequenzen hieraus für die Wahl deiner passenden Karriereziele und deiner passenden Nische?

Physische und psychische Kompetenzen

Jeder, der auf einem bestimmten Gebiet erfolgreich sein möchte, muss hierfür die erforderlichen Kompetenzen mitbringen. Kompetenzen im Allgemeinen sind die Summe aus Talenten, Fähigkeiten sowie Wissen eines Menschen. Talente sind wiederkehrende Denk-, Gefühls- und Verhaltensmuster. Beispielsweise hat Thomas Lurz das Talent, auch in Stresssituationen – etwa bei großen Wettkämpfen – gelassen zu bleiben und seine Gefühle und Gedanken kontrollieren zu können. Er kann in Wettkämpfen die Leistung abrufen, die er im Training zeigt. Dies ist Teil der psychischen Kompetenz, die für das Erzielen von Spitzenleistungen eine große Rolle spielt. Fähigkeiten hingegen entstehen durch das regelmäßige Üben bestimmter Tätigkeiten. Thomas Lurz trainiert jeden Tag mehrere Stunden im Schwimmbecken und im Kraftraum und arbeitet an seiner Technik im Freistilschwimmen. Er feilt damit an seiner physischen Kompetenz. Wissen hingegen baut sich durch das Lernen von Fakten auf, beispielsweise das Erlernen, wie man sich als Sportler gesund ernährt oder seine Rennen geschickt einteilt.

Während du dir Wissen und Fähigkeiten aneignen kannst, sind Talente zu großen Teilen angeboren und nur bis zu einem gewissen Grad noch veränderbar. Reines Talent ohne die entsprechenden Fähigkeiten und das Wissen allerdings kann seine Wirkung nicht entfalten. Talent muss immer auch auf Training treffen. Letzteres bezieht sich auf den Ausbau der Fähigkeiten und des notwendigen Wissens. Jeder Mensch, der erfolgreich sein möchte, muss seine Kompetenzen und insbesondere seine Talente kennen. Sich hingegen anspruchsvolle Ziele in einem Aufgabengebiet zu stecken, für welches nur geringes Talent besteht, ist vergebene Liebesmühe. Menschen sind weniger veränderbar, als die meisten glauben. Verschwende deine Zeit nicht mit dem Versuch, etwas hinzuzufügen, was die Natur in dir nicht vorgesehen hat. Dies ist anstrengend und führt nicht weit. Wer für bestimmte Aufgaben kein Talent mitbringt, wird auf diesem Gebiet niemals herausragende Spitzenleistungen erzielen. Denn dann hilft auch intensives Training der Fähigkeiten und aufwendiges Aneignen von Wissen nur bedingt weiter. Vielmehr lohnt es sich, sich auf seine individuellen Stärken zu konzentrieren. Dies ist einer der wesentlichen Schlüssel für das Erzielen von Spitzenleistungen.

Stärken

Individuelle Stärken leiten sich aus den herausragendsten Kompetenzen eines Menschen – physischer oder psychischer Art – und vor allem aus den Talenten ab. Individuelle Stärken sind der Stoff, aus dem Erfolge gemacht sind. Du solltest daher ein ausgeprägtes Gespür für deine individuellen Stärken haben. Die meisten Menschen kennen ihre individuellen Stärken nicht. Sie haben lediglich eine diffuse Vorstellung davon, was ihre Stärken sein könnten. Damit allerdings verschenken sie enormes Potenzial für ihre Karriere. Die gute Nachricht ist:

Das Problem vieler Menschen ist nicht, dass sie nicht genug Stärken haben, sondern dass sie jene, die sie haben, nicht konsequent anwenden.

Jeder Mensch verfügt über eine Handvoll herausragender individueller Stärken, die auf seinen größten individuellen Talenten basieren. Auch du hast ein individuelles, wertvolles Set an Stärken von Geburt an mitbekommen.

Dieses Set deiner individuellen Stärken ist wie eine Schatztruhe. Wenn du weißt, wo sie verborgen ist und wie du sie heben kannst, dann wirst du in den Genuss des Reichtums deiner individuellen Stärken kommen und kannst dein Leben lang aus dem Vollen schöpfen. Woran kannst du nun aber erkennen, was deine individuellen Stärken sind? Du verfügst immer dann über eine Stärke, wenn du beständig in einem bestimmten Gebiet hervorragende Leistung erbringst und es dir nicht einmal schwer fällt. Du merkst, dass dir aufgrund deiner Stärke bestimmte Aufgaben deutlich leichterfallen als anderen. Du hast Freude daran, deine Stärken auszuleben und anwenden zu können. Bei der Identifizierung deiner individuellen Stärken hilft es, wenn du dir folgende Fragen stellst:

- Welche Aufgaben gehe ich mit Hingabe und Leidenschaft nach, weil ich sie gut beherrsche?
- Aus welchen Herausforderungen ziehe ich die größte Befriedigung?
- In welchen Situationen fühle ich mich besonders wohl und bin mit der Welt im Reinen?
- Bei welchen Aufgaben entwickle ich eine besondere Ausdauer und vergesse dabei sogar ab und an Raum und Zeit?
- Auf welche persönlichen Eigenschaften kann ich mich immer wieder verlassen?
- Welche Fähigkeiten vermitteln mir in unterschiedlichen Situationen immer wieder eine beruhigende Sicherheit?
- Wofür werde ich wiederkehrend gelobt und erhalte positives Feedback?

Der größte Spielraum für Leistungssteigerungen und damit für Spitzenleistungen liegt bei jedem Menschen im Bereich der größten individuellen Stärken. Deine individuellen Stärken bilden die Schnellstraßen zu deinem Gehirn. Dir fällt es leicht, im Gebiet deiner Stärken Neues zu erlernen, Zusammenhänge zu begreifen und das neu Erlernte umzusetzen. Daher ist es für erfolgsbegeisterte Menschen enorm wichtig, ihre individuellen Stärken zu kennen. Sie sind tragfähige Säulen für deinen Erfolg. Deine Stärken wirken wie dein persönliches „Karrierekapital", aus dem du am effektivsten und am schnellsten Zinsen ernten kannst. Wenn du deine individuellen Stärken möglichst frühzeitig identifizierst, dann konsequent trainierst und dir Ziele und eine Nische suchst, die zu deinen individuellen Stärken passen, regst du damit einen Kreislauf an, mit dem Spitzenleistungen erzielt werden. Der Erfolg wird nicht lange auf sich warten lassen.

Thomas Lurz beispielsweise besitzt aufgrund seiner Talente eine ausgeprägte Stärke für das Langstreckenschwimmen im Freiwasser. In dieser Nische hat er sich bewusst niedergelassen und das anspruchsvolle Ziel definiert, in dieser Disziplin der beste Schwimmer der Welt zu werden. Denn genau hierfür bringt er sowohl die erforderlichen physischen als auch die psychischen Kompetenzen mit und kann diese voll entfalten. Während Thomas bei seinen ersten Olympischen Spielen 2004 in Athen, bei denen er sich seine Nische noch nicht gesucht hatte, noch auf dem 22. Rang landete, stieg er bei den Olympischen Spielen in Peking 2008 bereits auf das Siegertreppchen. Er hat seine persönliche Erfolgsnische gefunden.

Interessen

Die individuellen Stärken, bestimmte Leistungen erbringen zu können, müssen auf Leidenschaft treffen. Erst dann sind Spitzenleistungen möglich. Du musst dich für das Aufgabengebiet interessieren, in dem du deine individuellen Stärken hast. Deine Interessen nehmen Einfluss darauf, was dir im Beruf Zufriedenheit verschafft. Denn trotz allem Ehrgeiz und klaren Zielen musst du dir immer die Lust auf Leistung bewahren. Sonst brennst du innerlich aus und kannst nicht nachhaltig Spitzenleistungen erbringen. Erst ein ausgeprägtes Interesse an den Aufgaben, die du täglich zu erledigen hast, gibt die erforderliche Kraft und Energie, die für Spitzenleistungen erforderlich sind. In vielen Fällen ist eine große Begeisterung für die Aufgaben wichtiger als die Perfektion.

Wie bereits erwähnt, hat jeder Mensch eine Handvoll Stärken. Es sind insbesondere diejenigen zu nutzen und weiter auszubauen, die in Aufgabengebieten oder Branchen angewendet werden können, die dich faszinieren und deinen Interessen entsprechen. Wir alle verbringen einen großen Teil unserer Lebenszeit mit unserem Beruf. Daher ist es empfehlenswert, einen Job und Aufgaben auszuwählen, die nicht nur deinen individuellen Stärken, sondern auch deinen Interessen entsprechen. Wenn ausgeprägte Stärken auf ausgeprägtes Interesse oder gar Leidenschaft treffen, entfaltet sich in dir ein enormes Erfolgspotenzial. Um es in den Worten von Apple-Gründer Steve Jobs zu sagen:

Werte

Jeder Mensch trägt ein individuelles Set an Werten in sich, die das eigene Handeln beeinflussen. Die Vermittlung von Werten findet hauptsächlich während der Erziehung und Sozialisierung im privaten, schulischen und beruflichen Umfeld statt. Werte können sich bis zu einem gewissen Grad im Laufe der Zeit verändern. Werte sind deine tiefsten inneren Überzeugungen. Deine individuellen Werthaltungen entscheiden darüber, was du persönlich für richtig und für angemessen hältst. Auch in Extremsituationen solltest du immer an deinen Werten festhalten. Denn Erfolge und Niederlagen kommen und gehen. Deine Werte jedoch bleiben dir ein Leben lang und begleiten dich jeden Tag. Daher empfehlen wir, dir nur solche Jobs und Aufgaben zu suchen, die mit deinen persönlichen Werten im Einklang stehen. Sonst kann es zu permanenten inneren Konflikten kommen, die weder gesund sind noch zu Spitzenleistungen führen.

Thomas Lurz beispielsweise hat von frühester Kindheit an die Werte „Leistungsorientierung" und „Niemals aufgeben" vermittelt bekommen und stark verinnerlicht. Sein berufliches Aufgabenfeld, der Spitzensport, bietet ihm die Möglichkeit, seine persönlichen Werthaltungen nicht nur auszuleben, sondern vor allem auch zu seinem Vorteil nutzen zu können. Die zu seinen Zielen passenden Werte verstärken damit seinen Erfolg.

Die Kenntnis und gezielte Nutzung deiner persönlichen Voraussetzungen für Erfolg sind die zentralen Grundlagen für eine nachhaltig erfolgreiche Karriere. Sie ermöglichen dir, die passenden Ziele und die passende Nische auszuwählen. Es geht darum, die zu dir passende berufliche Heimat zu finden, in der du aufblühst, dich verwirklichen kannst, Leidenschaft entwickelst und zu Höchstleistungen imstande bist. Lass dich nicht in einem Bereich nieder, der dich kaum interessiert, nicht zu deinen Werten passt oder wo du deine herausragendsten Kompetenzen und Stärken nicht einsetzen kannst. Dies wäre wie ein Spaziergang in der Wüste. Es wäre nach gewisser Zeit eintönig, fad, trocken und langweilig. Wir können es nicht oft genug betonen: In der Schnittmenge aus deinen Kompetenzen, Stärken,

Interessen und Werten liegt wertvolles Potenzial für deinen individuellen Erfolg verborgen. Dies ist deine persönliche Schatztruhe für deine Karriere. Genau diese Schnittmenge sollte die fruchtbare Basis für die Auswahl deiner persönlichen Nische bilden. In der Karriereliteratur nennt man das Prinzip „Flourish". Es beschreibt, wie Menschen aufblühen, wenn sie die passende Nische für sich gefunden haben und sich dort entfalten können. Dies möchten wir dir in der nachfolgenden Abbildung verdeutlichen:

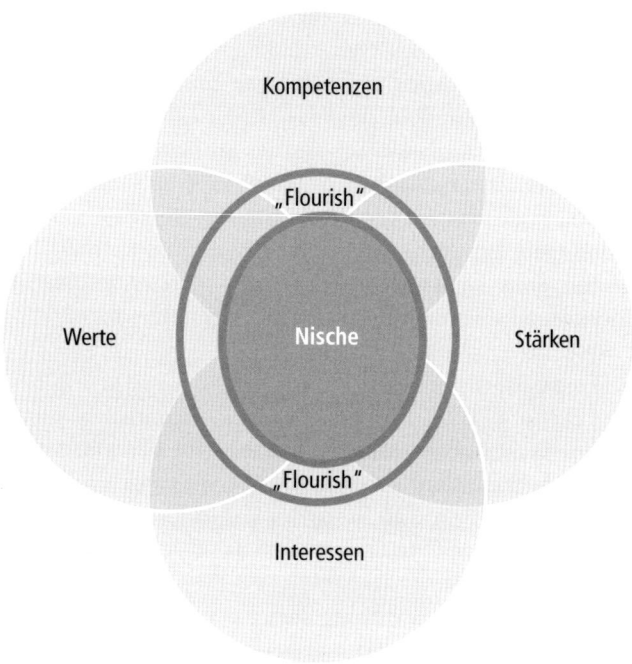

Abbildung 4: „Landkarte" deiner persönlichen Voraussetzungen für Erfolg: Finde heraus, wie du aufblühst

Wenn du einen ausgeprägten Instinkt für deine persönlichen Voraussetzungen für Erfolg entwickelst, dann entwickelst du simultan einen ausgeprägten Instinkt für deinen persönlichen Erfolg. Dir wird es leichtfallen, von einem Erfolg zum nächsten zu schreiten. Du wirst dabei wachsen und noch selbstbewusster werden. Dabei solltest du stets beachten:

Erfolg ist immer ein Maßanzug. Er kommt nicht von der Stange.

Du musst dir deinen Maßanzug auf Basis deiner persönlichen Voraussetzungen für Erfolg individuell schneidern. Das bedeutet zwar zunächst einmal Arbeit, aber er wird dir wunderbar stehen. Besonders effektiv kannst einzelnen Moleküle deiner Begabungen zusammenbringst, indem du dich darauf besinnst, in welchen unterschiedlichen Bereichen du herausragende Begabungen besitzt und dir dann eine Nische suchst, in der du möglichst viele deiner Begabungen einbringen und damit gewinnbringend nutzen und weiter ausbauen kannst. Die einzelnen Puzzlesteine deiner persönlichen Voraussetzungen für Erfolg müssen zu einem großen Gesamtbild zusammengefügt werden und eine zusammenhängende, in sich stimmige Gesamtfläche ergeben, die der systematischen Ausweitung deines Erfolgs entspricht. Wir empfehlen dir, während deiner ganzen Karriere niemals den Kontakt zu deinen Stärken zu verlieren. Denn sie sind tragfähige Säulen deines gegenwärtigen und zukünftigen Erfolgs.

Folgende Anmerkung liegt uns am Herzen, da wir Autoren selbst die Erfahrung machen mussten: Sich erstmals konsequent auf seine persönlichen Voraussetzungen für Erfolg zu besinnen und dann gegebenenfalls umzudenken und einen neuen Weg einzuschlagen, bedarf

- im ersten Schritt der Einsicht
- und im zweiten Schritt des Mutes.

Schließlich kann es heißen, dein vertrautes Terrain zu verlassen und etwas Neues zu wagen, das besser zu deinen persönlichen Voraussetzungen für Erfolg passt. Dies bedeutet auch immer, Abschied von etwas anderem zu nehmen, an dem man sehr oft noch emotional hängt. Aber mutig sein lohnt sich. Es verbergen sich nämlich enorme Chancen dahinter. Die meisten Menschen, die auf eine langjährige Karriere zurückblicken, bedauern weniger die Dinge, die sie erfolglos angepackt haben. Sie bedauern vielmehr die Dinge, die sie mangels Mut erst gar nicht gewagt haben und sich damit erst gar nicht die Möglichkeit eingeräumt haben, diese Dinge zum Erfolg zu führen. Chancen kommen nicht wieder. Es gibt ein beschränktes Zeitfenster für Erfolgschancen. Wir raten daher jedem: Wenn du feststellst, dass du ein totes oder lahmendes Pferd reitest, weil du deine persönlichen Voraussetzungen für Erfolg nicht einsetzen kannst, dann steige ab. Und zwar lieber früher als später. Bleibst du hingegen zu lange auf einem toten oder lahmenden Pferd sitzen, in der Hoffnung, es ließe sich wiederbeleben, kann sich langsam aber sicher das begrenzte Zeitfenster für Erfolg schließen. Hierzu ist die mentale Flexibilität erforderlich, nicht blind an der einmal eingeschlagenen Richtung festzuhalten, sondern grundsätzlich offen für Veränderungen zu sein, die dich deinen Zielen näherbringen. Manchmal gehört es auch dazu, dass du Veränderungen bewusst herbeiführst. Dies erfordert eine große Portion an Mut.

Wir wissen, dass solche Veränderungen oftmals nicht leichtfallen. Thomas Lurz brauchte einige Jahre in seiner Karriere als Profisportler, um seine persönlichen Voraussetzungen und die zu ihm passende Nische für eine herausragende Karriere klar zu identifizieren. Der Zeitpunkt kam nach dem enttäuschenden Ergebnis bei seinen ersten Olympischen Spielen in Athen. Mehr trainieren konnte er nicht, er war bereits austrainiert und am Limit seiner Möglichkeiten. Die Konkurrenz an der absoluten Weltspitze war einfach stärker. Er hinterfragte seine persönlichen Voraussetzungen für das Erreichen seines Karriereziels daher ehrlich und konsequent. Er horchte in sich hinein. Sein Herz sagte ihm, wie sehr er sich die großen sportlichen Erfolge wünschte. Sein Kopf sagte ihm, dass ein Umdenken erforderlich war. Er identifizierte seine herausragendsten individuellen Stärken. Dann suchte er sich seine Nische – das Langstreckenschwimmen im Freiwasser – und stieg in die Weltspitze auf. Dies zeigt:

Das Identifizieren der Nische, die zu deinen persönlichen Voraussetzungen und insbesondere zu deinen individuellen Stärken passt, ist enorm wichtig für deine Karriere. Die meisten Menschen unterschätzen die Bedeutung der richtigen Nische für ihre Karriere. Wir empfehlen dir, möglichst frühzeitig eine passende Nische für dich auszuwählen. Denn nicht nur im Spitzensport, sondern auch in der Wirtschaft schaffen Nischen Chancen, um dort herausragende Spitzenleistungen zu erbringen, die Konkurrenz hinter dir zu lassen und Erfolge zu verwirklichen. Nischen ermöglichen dir, eine persönliche Weiterentwicklung „from good to great" zu vollziehen. Denn führe dir die folgenden beiden Gedanken vor Augen:

- Was nützt es, wenn du sehr gut in einem bestimmten Bereich bist, andere aber noch besser sind?
- Was bringt es dir, wenn du mit deiner sehr guten Leistung nicht auffällst, weil es viele andere gibt, die zu der gleichen Leistung fähig sind?

Sehr gute Leistungen allein reichen in einem intensiven Verdrängungswettbewerb – sei es im Spitzensport oder in der Wirtschaft – nun mal nicht aus, um erfolgreich zu sein. Solange du nicht ein Jahrhunderttalent bist, gibt es außerhalb von Nischen – im „Mainstream" – rein statistisch gesehen immer eine gewisse Anzahl anderer Menschen, die zu gleichen Leistungen fähig sind wie du. Eine klare Leistungsdifferenzierung wird dann schwierig. Wer herausragen möchte, muss sein Profil schärfen, sich auf seine persönlichen Voraussetzungen für Erfolg fokussieren und die hierzu passende Nische auswählen. Denn Erfolg ist immer relativ. Er bedeutet, besser zu sein als andere. Auch wenn viele Menschen, die wenig kompetitiv eingestellt sind, es nicht hören mögen: Der Weg nach oben – sei es im Spitzensport oder in der Wirtschaft – hat eine sich nach oben verengende Pyramidenform: Je höher du steigst, desto geringer wird die Anzahl derer, die oben Platz finden und ankommen werden. Auf dem Siegertreppchen im Sport stehen am Ende nur noch drei. Auch die Vorstands- und Geschäftsführeretagen in der Wirtschaft haben eine überschaubare Anzahl an Sesseln. Du musst einen klaren Wettbewerbsvorteil gegenüber all den anderen haben, die ebenfalls nach oben streben. Wettbewerbsvorteile lassen sich am besten in Nischen realisieren.

Wenn du dir deine persönliche Nische suchst, bedeutet dies eine bewusste Abkehr vom Mainstream, wo sich die breite Mehrheit bewegt. Auch dies erfordert oftmals eine Portion Mut. Schließlich bedeutet Mainstream, dass man dort auch nicht allzu viel falsch machen kann. Als Thomas Lurz sich für seine Nische des Langstreckenschwimmens im Freiwasser entschieden hat, war dies eine bewusste Abkehr vom Beckenschwimmen, wo sich die breite Mehrheit der Athleten tummelt. Es geht in einer Nische nicht mehr darum, das zu tun, was alle machen. Es geht darum, in einer bestimmten Disziplin etwas besser zu machen als alle anderen, weil du deine persönlichen Voraussetzungen für Erfolg in der Nische voll entfalten kannst. Die Abkehr vom Mainstream lohnt sich. In der Wirtschaft wird in der Regel das, was alle können, schlechter honoriert als das, was nur einige wenige Spezialisten können und für das eine Nachfrage am Markt besteht. Das ist das einfache Gesetz von Angebot und Nachfrage. Der Wettbewerb im Mainstream ist immer intensiv. Du kannst natürlich grundsätzlich auch im Mainstream sehr erfolgreich sein. Du musst nur sicherstellen, dass du mit deiner Leistung alle anderen überragst. Auch dann ist dir der Erfolg sicher. Der amerikanische Schwimmer Michael Phelps beispielsweise dominierte bei den Olympischen Spielen in Peking 2008 wie kein anderer die klassischen Schwimmdisziplinen im Becken. Er gewann insgesamt acht Goldmedaillen und hat sich damit für immer einen Platz in den olympischen Bestenlisten gesichert. Michael Phelps war und ist im Mainstream höchst erfolgreich. Er allerdings ist ein Jahrhunderttalent. Von denen gibt es per definitionem nicht allzu viele.

Bei der Wahl deiner persönlichen Nische solltest du nicht nur deine persönlichen Voraussetzungen, sondern freilich auch die Chancen analysieren, die in der jeweiligen Nische auf dich warten. Wie attraktiv ist die Nische? Wie groß ist die Konkurrenz? Bist du im Vergleich zur Konkurrenz wirklich besser, verfügst du über einen effektiven Wettbewerbsvorteil? Hast du eine reelle Chance, in deiner Nische ganz oben mitzumischen und dir die Pole-Position zu sichern? Ist die Nische anerkannt, lohnt es sich, sich dort niederzulassen? Es geht im Wesentlichen um drei Fragen, die du dir stellen solltest.

Karriere-Checkliste:

- ▦ Habe ich für mich eine Nische ausgewählt, in der ich meine persönlichen Voraussetzungen für Erfolg voll entfalten kann?
- ▦ Habe ich eine Nische ausgewählt, in der ich einen persönlichen Wettbewerbsvorteil habe und mit meinen Leistungen herausrage?
- ▦ Habe ich eine attraktive Nische ausgewählt, die nachhaltig Chancen und Entwicklungspotenziale bietet und anerkannt ist?

Wenn du diese drei Fragen mit Ja beantworten kannst, wird dein Erfolg nicht lange auf sich warten lassen.

Wie erreiche ich meine Ziele?

Wenn du nun weißt, was du in deiner Karriere erreichen möchtest und was deine persönlichen Voraussetzungen für Erfolg sind, bleiben immer noch die Fragen offen:

- ▦ Wie kannst du dich selbst an die Spitze führen?
- ▦ Wie erreichst du tatsächlich deine anspruchsvollen Ziele?
- ▦ Wie kannst du dich immer wieder erneut zu Spitzenleistungen motivieren und nachhaltig erfolgreich sein?
- ▦ Was zeichnet Menschen aus, die ganz nach oben gekommen sind, die ihre anspruchsvollen Träume tatsächlich realisiert haben?

Keinem Menschen fällt der Erfolg ohne eigenes Zutun dauerhaft in den Schoß. Dauerhafter Erfolg und Karriere sind keine zufälligen Glückstreffer, sondern eine bestimmte Art, sein Leben zu gestalten. Es geht darum, kontinuierlich an dir selbst zu arbeiten. Ja, du brauchst eine klare Vision für deine Karriere, und ja, du brauchst die persönlichen Voraussetzungen hierfür, und ja, du brauchst eine Nische, die zu dir passt. Aber du brauchst noch mehr. Du brauchst vor allem auch Selbstmotivation, Disziplin, Ehrgeiz und Durchhaltevermögen. Denn auf dem Weg zur Spitze gibt es immer auch Gegenwind und Durststrecken, die es zu überwinden gilt. Und du brauchst hervorragende Trainer bzw. Führungskräfte, mit denen du vertrauensvoll zusammenarbeitest und die dich bei der Zielerreichung unterstützen. Herausragender Erfolg ist in der Regel keine Einzelleistung. Trainer und Führungskräfte spielen hierfür eine entscheidende Rolle.

Du benötigst darüber hinaus noch ein geeignetes persönliches Netzwerk, das dich unterstützt und zu weiteren Spitzenleistungen inspiriert. Das passende persönliche Netzwerk hilft dir, das Potenzial deiner Erfolge und deiner Karriere noch weiter zu steigern. Wir möchten dir die einzelnen Elemente, die zur Zielerreichung erforderlich sind, im Folgenden näher vorstellen. Überprüfe für dich, inwieweit du diese Erfolgselemente bereits mitbringst und umsetzt, oder ob du womöglich noch gezielt an ihnen arbeiten musst. Die wichtigsten Elemente werden wir dir im weiteren Verlauf des Buches nochmals detailliert in eigenen Kapiteln erläutern und mit konkreten Umsetzungsempfehlungen anreichern.

Karriere-Checkliste

- **Selbstmotivation**: Niemand kann dich so wirkungsvoll motivieren wie du selbst. Auch wenn du hervorragende Trainer, Führungskräfte und ein motivierendes soziales Umfeld um dich herum hast: Motivieren und zu Spitzenleistungen tragen musst du dich in letzter Konsequenz selbst.
- **Selbstdisziplin**: Als Selbstdisziplin wird die eigene Selbstregulierung und damit die Fähigkeit bezeichnet, das eigene Handeln konzentriert auf ein bestimmtes Ziel auszurichten. Eine ausgeprägte Disziplin trägt dazu bei, dich nicht von attraktiven Verlockungen ablenken zu lassen, die immer am Wegesrand lauern und dich von deinem Weg zur Zielerreichung ablenken könnten.
- **Ehrgeiz**: Ohne Ehrgeiz kein Erfolg. Denn Ehrgeiz ist die Leidenschaft für Erfolg. Es ist die Lust am Siegen und sich weiterzuentwickeln. Ehrgeiz ist der Motor, der dich anstachelt, dir ambitionierte Ziele zu setzen und die Energie aufzubringen, diese Ziele zu erreichen.
- **Durchhaltevermögen**: Jeder erfolgreiche Mensch braucht Durchhaltevermögen. Er muss an seinen Erfolg glauben und daran festhalten, auch wenn Widerstände und Probleme auftreten.
- **Trainer**: Jeder Top-Athlet braucht einen Spitzentrainer. Jede Top-Kraft in der Wirtschaft braucht eine Top-Führungskraft oder einen Top-Mentor. Die Basis für eine erfolgreiche Zusammenarbeit ist gegenseitiges Vertrauen und Wertschätzung.

■ **Persönliches Netzwerk:** Das richtige persönliche Netzwerk kann nicht nur zu Spitzenleistungen anspornen, indem es ein leistungsstimulierendes Umfeld bietet. Das richtige persönliche Netzwerk kann auch Türen öffnen, hinter denen sich Chancen verbergen, die zu weiteren Spitzenleistungen und Erfolgen führen.

Selbstmotivation

Deine Motivation muss von innen heraus kommen. Es reicht nicht aus, dass jemand anders versucht, dich von außen zu motivieren, zum Erreichen deiner Ziele anstachelt und nach vorne peitscht. Jemand, der nach großen Zielen strebt, aber ständig von außen einen „Tritt in den Hintern" benötigt, um hart an sich zu arbeiten, wird den Sprung an die Spitze definitiv nicht schaffen. Menschen mit einer ausgeprägten Selbstmotivation bringen einen starken Willen und eine hohe Ausdauer mit, ihre gesteckten Ziele zu erreichen. Ihre hohe intrinsische Motivation treibt sie an. Von ihren Zielen lassen sie sich nicht abbringen, auch nicht, wenn es Gegenwind gibt und besondere Mühen erforderlich sind. Selbstmotivation hat viel mit der Überwindung des inneren Schweinehunds zu tun, der als Bremser und Widersacher von anspruchsvollen Zielen agiert. Der innere Schweinehund macht bequem und findet viele Ausreden, warum bestimmte Aufgaben zu anstrengend oder erst gar nicht erstrebenswert sein könnten. Durch eine hohe Selbstmotivation kannst du deinen inneren Schweinehund außer Gefecht setzen.

Thomas Lurz muss jeden Tag seinen inneren Schweinehund überwinden, wenn morgens um kurz nach sechs Uhr der Wecker klingelt und das zweistündige Frühtraining ansteht. Dies gilt jeden Tag, auch an Feiertagen wie Weihnachten oder dem eigenen Geburtstag. Er motiviert sich selbst, indem er sich bereits errungene und anvisierte Siege vor Augen führt und das schöne Gefühl von Erfolg im Kopf rekapituliert. Dies gibt ihm Kraft, sich für das tägliche harte Training zu motivieren und dort sein Bestes zu geben.

Selbstdisziplin

Selbstdisziplin hilft dir, entschieden deinen gewählten Weg zu gehen. Disziplinierte Menschen schaffen es, auch attraktiven Verlockungen und Ablenkungen zu widerstehen, weil sie ihre Willenskraft konsequent auf die Zielerreichung ausrichten und nicht zulassen, schwach zu werden und den Verlockungen nachzugeben.

Wenn Thomas Lurz diszipliniert für die Olympischen Spiele in London trainiert, bedeutet dies, dass er mögliche Ablenkungen konsequent der Zielerreichung – dem Erfolg bei den Olympischen Spielen – unterordnet und ausblendet, um sich auf sein Training zu konzentrieren. Eine eiserne Disziplin schließt damit sehr oft auch bewussten Verzicht und Entbehrungen mit ein. Das weiß jeder, der schon einmal eine Diät gemacht und mit hoher Selbstdisziplin versucht hat, auf Schokolade zu verzichten. Es spricht überhaupt nichts dagegen, hin und wieder bewusst zu „sündigen" und sich die eine oder andere Verlockung zu gönnen. Es darf nur deine Zielerreichung nicht gefährden.

Ehrgeiz

Ehrgeizige Menschen denken groß. Sie wollen anspruchsvolle Ziele erreichen und herausragende Leistungen erbringen. Sie nehmen dafür die erforderlichen Anstrengungen in Kauf. Mit Durchschnittsleistungen geben sie sich nicht zufrieden. Alle erfolgreichen Menschen sind ehrgeizig. Sie haben eine ausgeprägte Sehnsucht nach Erfolg. Sie haben eine Sehnsucht, dort anzukommen, wo sie noch nie waren, aber von ganzem Herzen hin möchten. Ihr Ehrgeiz treibt sie an die Spitze.

Thomas Lurz legte seinen besonderen Ehrgeiz bereits in jungen Jahren an den Tag. Bereits ab der fünften Klasse im Gymnasium begann sein Tag mit Schwimmtraining um sechs Uhr morgens, um bereits vor der Schule die erste Trainingseinheit von mehreren Kilometern zu absolvieren. Dies bedeutete, jeden Tag um fünf Uhr dreißig aufzustehen, während die Klassenkameraden noch schliefen. Ohne einen ausgeprägten Ehrgeiz und die Lust, herausragende Leistungen zu erzielen und auf Wettkämpfen zu siegen, nimmt kein Zehnjähriger solche Strapazen freiwillig auf sich.

Durchhaltevermögen

Durchhaltevermögen ist die positive Form von Sturheit, die alle erfolgreichen Menschen auszeichnet. Es geht hier um die Kraft der Beharrlichkeit. Denn Erfolg impliziert auch immer, Grenzen überwinden zu müssen. Eigene Leistungsgrenzen oder Grenzen, die es zu verschieben gilt, um seinen persönlichen Zielen näherzukommen. Durchhaltevermögen erfordert sehr oft eine gewisse Leidensfähigkeit. Es bedeutet, nicht aufzugeben und weiter Kurs auf sein Ziel zu halten, auch wenn es erfordert, sich selbst ordentlich am Riemen reißen zu müssen.

Gerade in einer sportlichen Disziplin wie dem Freiwasserschwimmen wird den Athleten ein besonders hohes Maß an Durchhaltevermögen abverlangt. Thomas Lurz schwimmt bei seinen Wettkämpfen im offenen Gewässer, das heißt im Meer, in Flüssen oder Seen. Oft ist das Wasser nicht nur sehr kalt, sondern auch schmutzig, trüb und voller Quallen. Regelmäßig kommt es zu starkem Wellengang, Strömungen und zu extremen Wetterbedingungen mit Sonne und Wind. Hier ist trotz derartiger Wettkampfbedingungen Durchhaltevermögen gefragt. Das Ziel muss anvisiert und die Zähne müssen zusammengebissen werden. Denn wer bei widrigen Umständen – sei es im Spitzensport oder in der Wirtschaft – mangels Durchhaltevermögen umkehrt, wird nie an der Spitze ankommen.

Trainer

Schützlinge müssen sich darauf verlassen können, dass ihre Trainer, Führungskräfte oder Mentoren nur das Beste für sie möchten. Dies ist die Grundlage, ohne die in der Zusammenarbeit nichts geht. Trainer, Führungskräfte und Mentoren haben folgende Aufgaben: ihren Schützlingen Potenziale zur Leistungsverbesserung und Weiterentwicklung aufzuzeigen, das Selbstbewusstsein zu stärken, zu beraten, herauszufordern und ein leistungsförderndes Umfeld zu schaffen. Hervorragende Trainer, Führungskräfte und Mentoren können zu regelrechten Leistungsexplosionen bei ihren Schützlingen beitragen. Hingegen können schwache oder nicht passende Trainer, Führungskräfte und Mentoren auch zu Leistungsabfall, falschen Strategien zur Zielerreichung und vor allem auch zu Demotivation führen. Somit steht und fällt der Erfolg mit der Auswahl des passenden Trainers, mit dem du gemeinsam am Erfolg arbeitest.

Thomas Lurz wird seit Jahren von seinem älteren Bruder Stefan trainiert, der zwei wesentliche Eigenschaften eines hervorragenden Trainers mitbringt: Zum einen kennt er seinen Schützling mit seinen individuellen Stärken wie kein anderer und kann diese entsprechend im Training berücksichtigen und fördern. Zum anderen ist er als Bezugsperson bei wichtigen Wettkämpfen mit dabei, kann durch die enge Vertrauensbeziehung Zuversicht und Selbstbewusstsein fördern und Thomas mental den Rücken stärken. Dies sind Eigenschaften, die auch herausragende Führungskräfte und Mentoren in der Wirtschaft auszeichnen. Die Auswahl der passenden Führungskraft kann erfolgsentscheidend sein. Auch hier sind oftmals Veränderungen und Wechsel erforderlich, wenn eine gute Beziehung nicht gewährleistet ist.

Persönliches Netzwerk

Persönliche Netzwerke leben vom gegenseitigen Geben und Nehmen. Damit ist nicht nur die Auswahl des richtigen persönlichen Netzwerks entscheidend. Nicht minder wichtig ist die systematische Pflege des Netzwerks, indem du dich aktiv einbringst und andere Menschen aus deinem Netzwerk unterstützt. Thomas Lurz ist das Aushängeschild des SV Würzburg 05. Er bringt sich aktiv in dem Verein ein und wirbt für ihn, wird aber auch nach Kräften von einzelnen Vereinsmitgliedern unterstützt und beraten. Jeder erfolgreiche Mensch benötigt funktionierende persönliche Netzwerke aus wohlwollenden Förderern und Unterstützern, die ihm sowohl in Zeiten von Erfolg als auch in Zeiten von Misserfolg zur Seite stehen.

An allen oben genannten Aspekten zur Zielerreichung solltest du aktiv arbeiten, wenn du erfolgreich sein möchtest. So lassen sich beispielsweise Selbstmotivation, Selbstdisziplin, Ehrgeiz und Durchhaltevermögen trainieren. Du musst es allerdings von ganzem Herzen wollen. Deinen Trainer oder deine Führungskraft kannst du dir aus-suchen, ebenso wie dein persönliches Netzwerk.

Mit Selbstmotivation, Selbstdisziplin, Ehrgeiz, Durchhaltevermögen sowie einem passenden Trainer und persönlichen Netzwerk kannst du sehr viel erreichen. Ohne hingegen sehr wenig.

Was uns an dieser Stelle wichtig ist: Erfolg erfordert in der Regel Geduld. Auch das mussten wir Autoren bisweilen schmerzlich lernen. Erfolg stellt sich nicht immer sofort ein. Manchmal musst du warten, bis sich ein passendes Chancenfenster für dich öffnet. Dies kann beispielsweise eine Nische sein, die neu geschaffen worden ist und hervorragend zu deinen persönlichen Voraussetzungen für Erfolg passt. Es können auch Widerstände sein, die du erst geduldig überwinden musst, damit der Weg zu deinen Zielen frei wird. Auch der Aufbau eines passenden Karriere-Netzwerks bedarf Zeit. Mit harter Arbeit an dir selbst, kontinuierlichem Training und der Fähigkeit zur Weiterentwicklung säst du den Samen für deinen späteren Erfolg. Auch wenn sich die Früchte deiner Anstrengungen nicht immer sofort ernten lassen, kannst du sie doch zu einem späteren Zeitpunkt ernten.

Auch für Thomas Lurz hatte die Strecke an die Weltspitze Höhen und Tiefen und es lag der eine oder andere Stein im Weg. Seine Erfolge stellten sich nicht sofort ein. Ihn trieben aber immer seine Ziele voran, die er kurz-, mittel- und langfristig erreichen wollte und die seine Motivation aufrecht erhielten. Mit einem hohen Maß an Selbstmotivation, Selbstdisziplin, Ehrgeiz und Durchhaltevermögen konzentrierte er sich auf diese Ziele, auch wenn es ihm manchmal schwerfiel. Er musste sich ferner auch in Geduld üben. Beispielsweise musste er bis zum Jahr 2008 darauf warten, bis das Freiwasserschwimmen – seine Paradedisziplin – erstmalig als olympische Disziplin durchgeführt wurde. Zu dem Zeitpunkt war Thomas bereits 28 Jahre alt und seit zehn Jahren Profisportler. Er nutzte seine Chance und gewann die Bronzemedaille.

KAPITEL 3

Der richtige Coach

Nutze deinen wichtigsten Sparringspartner

„Der größte Vorteil an meinem Trainer ist nicht nur das fachliche Know-how. Es ist vor allem auch das enge Vertrauensverhältnis, das ich zu ihm habe. Wir verstehen uns ohne Worte, ich kann mich blind auf ihn verlassen. Insbesondere bei sehr wichtigen Wettkämpfen wie den Olympischen Spielen ist dies ein enormer Vorteil."

THOMAS LURZ

Bislang haben wir darüber gesprochen, was du selbst zu deinem persönlichen Erfolg beitragen kannst. Und das ist sehr viel. Allerdings ist dein Karriere-Management kein „Alleinmanagement". Es gibt weitere Personen, die mit dir gemeinsam an deinem Erfolg arbeiten und für deine Karriere mitverantwortlich sind: deine Coaches. Im Sport spricht man von Trainern, in der Wirtschaft von Führungskräften und Mentoren. Letztere können deine Führungskräfte sein, müssen es aber nicht. Mentoren sind Personen, die ihren Schützlingen mit Rat und Tat zur Seite stehen, sie inspirieren und ermutigen, sie von ihrem Erfahrungswissen und vor allem auch von ihrem persönlichen Netzwerk profitieren lassen und Türen aufsperren, wenn es erforderlich ist. Trainer, Führungskräfte und Mentoren haben in Bezug auf ihre Schützlinge ähnliche Aufgaben. Auf sie kommen durchaus vergleichbare Herausforderungen und Anforderungen zu. Zur vereinfachten Lesbarkeit möchten wir nachfolgend den integrativen Begriff „Coach" verwenden, der Trainer, Führungskräfte und Mentoren gleichermaßen meint. Oftmals steht und fällt mit der Wahl des richtigen Coaches der Erfolg ihrer Schützlinge. Aufgrund dieser herausragenden Rolle möchten wir dir die dringende Empfehlung aussprechen, deinen Coach mit Bedacht und Sorgfalt auszuwählen.

Es gibt im Spitzensport herausragende Talente, die zunächst mit einem schwachen Trainer zusammengearbeitet und erst durch einen Trainerwechsel Leistungsexplosionen realisiert haben und an die Weltspitze aufgestiegen sind. Es gibt talentierte Mitarbeiter in Unternehmen, die von einer schwachen Führungskraft unzureichend gefördert und so lange demotiviert wurden, bis sie sich zu einem Wechsel entschieden und dadurch enorme Motivations- und Leistungssteigerungen sowie einen völlig neuen Marktwert realisieren konnten. Talentierte Menschen können mit einem falschen Coach eingehen wie Primeln. Damit wird wertvolles Potenzial verschenkt, herausragende Leistungen werden verhindert. Es zwingt dich niemand, dauerhaft mit einem schwachen Trainer zusammenzuarbeiten, der dich nicht zum Erfolg führt und zu dem du kein Vertrauen hast. Gleiches gilt für die Wirtschaft. Auch dort kann dich niemand dazu zwingen, dauerhaft für eine schlechte Führungskraft zu arbeiten, die dich weder fordert noch fördert oder in irgendeiner Form weiterbringt. Du hast immer die Wahl. Im Zweifelsfall kannst du dich aktiv für eine Veränderung entscheiden und dir einen neuen Coach suchen, der dich besser unterstützt, dir vertraut und dich deinen Zielen näher bringt.

Coaches beeinflussen maßgeblich die Leistungsfähigkeit sowie die Leistungsbereitschaft der ihnen anvertrauten Schützlinge. Gute Coaches unterstützen ihre Schützlinge wirkungsvoll, Spitzenleistungen zu erbringen und nachhaltig erfolgreich zu sein. Sie führen mit Vertrauen und Wertschätzung. Sie agieren als Sparringspartner, indem sie Feedback und Anregungen für Leistungsverbesserungen geben. Sie nehmen eine Vorbildrolle ein und leben das vor, was sie von dir erwarten. Sie fordern und fördern. Sie loben und sie üben konstruktive Kritik, wenn es erforderlich ist. Sie arbeiten mit dir gemeinsam Strategien zur Zielerreichung aus und begleiten dich bei der Vorbereitung auf deine Ziele. Sie setzen Prioritäten. Gute Coaches schwören dich vor wichtigen Terminen auf Erfolg ein und kommunizieren klar ihre Erwartungshaltung an dich. Sie sorgen dafür, dass du eine „Bühne" erhältst, auf der du deine Leistungen zeigen, dich bewähren und relevanten Entscheidungsträgern positiv auffallen kannst. Gute Coaches sind an deiner Seite bei Erfolgen und bei Misserfolgen. Sie feiern mit dir. Sie leiden mit dir. Und bauen dich nach einer Niederlage wieder auf, schubsen dich wieder auf Erfolgskurs. Coaches führen und leiten dich.

Coaches wirken wie Katalysatoren für die Karrieren ihrer Schützlinge und sind wertvolle Kopiloten auf dem langen Weg zum Ziel.

Top-Leute brauchen Top-Coaches auf ihrem Weg zur Spitze. Sie leisten wertvolle fachliche und emotionale Unterstützung. Hingegen sind schwache Coaches kontraproduktiv und hinderlich für die Karriere – dies gilt im Spitzensport wie in der Wirtschaft. Schwache Coaches sind wie Gift für Talentenfaltung und Motivation und damit Gift für das Erzielen von Spitzenleistungen. So agiert ein erfolgsbegeisterter, talentierter Mensch mit einem schwachen Coach wie ein Rennpferd, dem man einen schweren Mühlstein um den Hals gehängt hat: Es galoppiert zwar nach Kräften auf das anvisierte Ziel zu, wird aber ausgebremst oder sogar in die falsche Richtung gelenkt. Andere talentierte Rennpferde galoppieren an diesem Pferd vorbei.

Wenn Sportvereine schwache Trainer und Unternehmen schwache Führungskräfte auf talentierte, erfolgsbegeisterte Menschen „loslassen", kann dies zu zweierlei negativen Effekten führen:

- Die *Leistungsfähigkeit* der talentierten Menschen wird unzureichend gefördert und ist damit suboptimal.
- Die *Leistungsbereitschaft* sinkt, denn insbesondere talentierte Menschen möchten gefördert und von starken Coaches geführt werden. Sie sind entsprechend frustriert und demotiviert, wenn sie unzureichend betreut und in ihrer persönlichen Entwicklung ausgebremst werden.

So manch eine Spitzenkraft ist durch die beiden genannten Effekte schon am „Bore-out-Syndrom" erkrankt und so gelangweilt, unterfordert und demotiviert worden, dass sie – obwohl bei passender Führung zu Spitzenleistungen fähig– unzureichende Leistungen erbringt. Die Spitzenkraft bleibt damit weit hinter ihren Möglichkeiten zurück. Eine größere Potenzialverschwendung kann es kaum geben. Solltest du jemals in eine solche Situation hineingeraten, können wir nur die wohlgemeinte Empfehlung aussprechen: „Love it, change it or leave it." Hält die unbefriedigende Führungssituation schon lange an, bleibt nur die Option, zu gehen und eine Veränderung der Führungssituation herbeizuführen, um deinen eigenen Potenzialen und Zielen treu zu bleiben.

Sowohl im Sport als auch in der Wirtschaft kannst du entweder darauf hoffen, dass man dir einen guten Coach aussucht und vor die Nase setzt. Oder du kannst dich aktiv an der Auswahl eines guten Coaches beteiligen. Wenn du dir einen neuen Job oder ein neues Arbeitsumfeld suchst, achte nicht nur darauf, ob Aufgaben, Gehalt und Entwicklungsperspektiven attraktiv sind. Versuche auch immer, ein Gefühl dafür zu bekommen, ob der Coach zu dir passt und dein Leistungsvermögen fördern wird. Du hast immer die Wahl. Ein guter Coach muss zu dir persönlich passen. Sowohl die persönliche Chemie als auch die fachliche Akzeptanz müssen stimmen. Gute Coaches erkennst du daran, dass sie die nachfolgend dargestellten zentralen Aufgaben erfüllen und dir dabei stets mit Vertrauen und Wertschätzung begegnen – in Zeiten von Erfolg und Misserfolg. Sie müssen sowohl die „hard skills" – fachliche Kompetenzen – wie auch die „soft skills" – soziale Kompetenzen – im Umgang mit ihren Schützlingen beherrschen. Wir sprechen vom „Yin und Yang" exzellenter Führung.

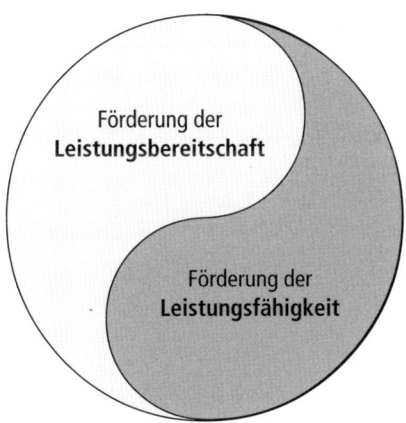

Abbildung 5: Aufgaben eines Coaches – wie du exzellent geführt wirst

Diese Aufgaben eines Coaches möchten wir dir nachfolgend detailliert vorstellen. Dies soll dir helfen, zu überprüfen, ob du für einen starken Coach arbeitest oder lieber eine Veränderung herbeiführen solltest. Darüber hinaus werden wir dir erläutern, welche besondere Rolle Vertrauen und Wertschätzung spielen und wie diese aktiv gefördert werden können.

Wie fördert ein Coach Leistungsfähigkeit und -bereitschaft?

Coaches tragen große Verantwortung. Sie können maßgeblich darauf Einfluss nehmen, aus jungen, talentierten Menschen erfolgreiche, selbstbewusste Top-Leute zu machen, die Herausragendes leisten und ihre persönlichen Träume und Ziele realisieren. Coaches können Rohdiamanten zu wertvollen Brillanten schleifen. Sie können Potenzial in Spitzenleistungen umsetzen. Sie können talentierte Menschen identifizieren, individuelle Stärken fördern und das Maximum aus ihnen herausholen. Sie können Flügel verleihen und talentierte Menschen unterstützen, in ungeahnte Höhen aufzusteigen.

Allerdings gilt auch: Die Verantwortung für deine Karriere und Zielerreichung trägst immer noch du selbst. Du magst Flügel verliehen bekommen haben, fliegen aber musst du schon selbst. Aus dieser Pflicht können und sollen deine Coaches dich nicht entlassen. Die Verantwortung für die Realisierung deiner persönlichen Träume und Ziele lässt sich nicht an Coaches delegieren, in der Hoffnung, dass jene sich schon darum kümmern werden. Gute Coaches erziehen dich nicht zu erlernter Hilflosigkeit, indem sie dir jeden Tag vorbeten, was du zu tun und zu lassen hast. Coaches sind schließlich weder Babysitter noch Mikro-Manager. Damit würden sie insbesondere Spitzenkräfte demotivieren und deren Potenzialen nicht gerecht werden. Aber Coaches leisten wichtige und wertvolle Unterstützungsleistung auf dem Weg zu deinen Zielen. Von guten Coaches wird eine Vielzahl an Fähigkeiten unterschiedlichster Natur verlangt:

- Sie brauchen neben einer ausgeprägten fachlichen Expertise auch ein gutes Fingerspitzengefühl und soziale Kompetenz im Umgang mit ihren Schützlingen.
- Sie müssen selbst in ihrer persönlichen Entwicklung gefestigt und selbstbewusst sein, um die Gelassenheit aufzubringen, ihre Schützlinge leis-

tungsseitig an ihnen vorbeiziehen und mehr erreichen zu lassen, als sie selbst womöglich in der eigenen Karriere jemals erreicht haben.

- ■ Sie müssen sich mit Wohlwollen für die Erfolge ihrer Schützlinge freuen können. Sie müssen sich aktiv für sie einsetzen, wenn Hindernisse auftreten.
- ■ Und bisweilen brauchen gute Coaches auch Mut für die große Verantwortung, junge, talentierte und erfolgsbegeisterte Menschen auf den spannenden Weg zur Spitze zu führen.

Gute Coaches haben darüber hinaus eine ganzheitliche Sicht von Führung und verbinden linkshirniges mit rechtshirnigem Denken in der Führung ihrer Schützlinge. Dies bedeutet, dass sie nicht nur ihren analytischen Verstand nutzen, sondern insbesondere auch ihr Herz. Sie wissen, dass eine emotionale Beziehung zu ihren Schützlingen erforderlich ist, um volles Motivationspotenzial zu entfalten und gemeinsam an anspruchsvollen Zielen zu arbeiten. Denn eine emotionale Führung berührt die Schützlinge in einer anderen Qualität. Sie hören ihrem Coach anders zu. Die extrinsischen Motivationsimpulse des Coaches regen die intrinsische Motivation der Schützlinge an. Damit wird der persönliche Ehrgeiz der Schützlinge zur Zielerreichung gefördert. Die Wirkung einer emotionalen Führung möchten wir anhand von zwei konkreten Beispielen näher erläutern:

- ■ Der Coach müsste bei einer ausgeprägten emotionalen Beziehung zu seinen Schützlingen beispielsweise nicht gebetsmühlenartig wiederholen: „Würdet ihr bitte härter an euch arbeiten?"
- ■ Er sagt stattdessen: „Wenn jeder von euch sein Potenzial entfaltet und seine individuellen Stärken einsetzt, wird es kein anderes Team in diesem Bereich geben, das mit euch mithalten kann. Ihr werdet als Team sowie als Einzelne Spitzenleistungen erzielen. Ich sehe es genau vor mir. Ich weiß, ihr schafft das."

Das Führen mit Herz führt zu einer emotionalen Ansprache der Schützlinge, die wie ein Turbo für deren Anstrengung zur Zielerreichung wirkt. Dieser Weg verlangt den Willen und die Fähigkeit der Coaches, vier zentrale Grundsätze in die Zusammenarbeit mit ihren Schützlingen zu integrieren und bewusst umzusetzen, um deren Leistungsfähigkeit und -bereitschaft zu fördern.

Die nachfolgenden Grundsätze, die „vier Is", sollen nicht nur die wesentlichen Aufgaben eines guten Coaches beschreiben, sondern dir auch als Checkliste dienen, ob du den für dich passenden Coach an deiner Seite hast. Diese „vier Is" sind wesentliche Schlüsselfaktoren, wie talentierte Menschen durch ihre Coaches zu Spitzenleistungen geführt werden können. Wir nennen sie die „Erfolgsprinzipien von Top-Coaches". Insbesondere bei Top-Talenten sind jene Prinzipien erfolgskritisch, da Top-Talente besonders hohe Erwartungen und Anforderungen an ihre Coaches stellen und daher in besonderem Maße zu fordern und zu fördern sind, um sie zu Spitzenleistungen zu führen.

Karriere-Checkliste

- **Individuell:** Gute Coaches gehen auf jeden ihrer talentierten Schützlinge individuell ein. Schützlinge haben individuelle Bedürfnisse und sind daher unterschiedlich zu führen.
- **Inspirierend:** Guten Coaches gelingt es, zu inspirieren, indem sie ihre Schützlinge emotional für die gesetzten Ziele und für den anvisierten Erfolg begeistern.
- **Involvierend:** Gute Coaches zeichnen sich durch eine hohe Empathie aus. Sie interessieren sich dafür, was in ihren Schützlingen vorgeht. Sie binden individuelle Bedürfnisse, Meinungen und vor allem auch Vorschläge ihrer Schützlinge bei der Strategieentwicklung mit ein.
- **Intellektuell stimulierend:** Gute Coaches benutzen in der Zusammenarbeit mit ihren Schützlingen Verstand in Verbindung mit Bauchgefühl. Sie schaffen ein intellektuell stimulierendes Arbeitsumfeld, indem sie bereit sind, alte Denkmuster aufzubrechen, neue Einsichten zu vermitteln, laufend Trends und Verbesserungspotenziale aufzuspüren und den Status quo zu hinterfragen.

Die Erfolgsprinzipien von Top-Coaches

Individuelles Fördern: Jeder Schützling reagiert bei wichtigen Terminen – große Wettkämpfe oder bedeutende Meetings – anders. Die einen sind nervenstark und kommen gut allein zurecht, die anderen reagieren nervös und ängstlich und brauchen emotionale Unterstützung durch ihren Coach. Gute Coaches verzichten auf unreflektierte Standardlösungen, die allen gleichermaßen im Sinne von „one size fits all" übergestülpt werden. Sie sind wachsam für die Bedürfnisse jedes einzelnen Schützlings und berücksichtigen dies in der Zusammenarbeit. Sie behandeln jeden als Einzelfall. Gute Coaches erkennen und besprechen mit ihnen deren persönliche Voraussetzungen für Erfolg, das heißt ihre individuellen Kompetenzen, Stärken, Interessen und Werte. Auf dieser Basis beraten sie bei der Formulierung realistischer, ambitionierter Zielvisionen und bei der Auswahl von geeigneten Karriereschritten und des Karrieretempos. Sie besprechen mit ihren Schützlingen notwendige Strategien zur Zielerreichung, die für den Weg von der Ist-Situation zur anvisierten Soll-Situation erforderlich sind. Dies umfasst das Identifizieren von individuellen Kompetenz- und Erfahrungslücken, die auf dem Weg zum Ziel durch entsprechende Vorbereitung Schritt für Schritt geschlossen werden müssen. Gute Coaches nehmen sich entsprechend Zeit für jeden einzelnen Schützling. Nur so ist eine individuelle Berücksichtigung der Bedürfnisse und persönlichen Voraussetzungen für Erfolg gewährleistet und nur so können individuelle Lösungswege gemeinsam mit dem Schützling identifiziert und ausgearbeitet werden. Individuelle Führung heißt ferner auch situative Führung. Der Coach muss die individuelle Situation – beruflich und privat – seiner einzelnen Schützlinge berücksichtigen, um sie als Mensch verstehen sowie individuell führen und betreuen zu können.

Inspirierende Ansprache: Gute Coaches schaffen es, gemeinsam mit ihren Schützlingen fesselnde und mitreißende Visionen von Erfolg zu erarbeiten und jedem einzelnen die Bedeutung der Zielerreichung zu vermitteln. Gute Coaches steigern die Erwartungshaltungen ihrer Schützlinge an sich selbst und ihre eigenen Ziele. Sie ermutigen sie, „groß" zu denken und sich ambitionierte Ziele zu stecken.

Guten Coaches gelingt es, ihren Schützlingen eine „The-sky-is-the-limit"-Einstellung zu vermitteln, sodass sie an sich selbst und ihre persönlichen Voraussetzungen für Erfolg glauben.

Gute Coaches schaffen ein leistungsstimulierendes und motivierendes Arbeitsumfeld und fördern die Bereitschaft ihrer Schützlinge, die Extra-Meile zu gehen, die für das Erreichen von Spitzenleistungen erforderlich ist. Sie versprühen Begeisterung und Optimismus. Sie inspirieren ihre Schützlinge, neue Potenziale und Möglichkeiten zu entdecken und ein gesundes Selbstbewusstsein für das eigene Leistungsvermögen zu entwickeln. Ihnen gelingt es, ihre Schützlinge fachlich und emotional für die gesetzten Ziele zu begeistern und Leidenschaft und Eigeninitiative zu wecken.

Wie gehen gute Coaches dabei vor? Wie können sie ihre inspirierende Wirkung entfalten? Zunächst einmal hören sie ihren Schützlingen intensiv und aufmerksam zu. Und zwar mit allen Sinnen, nicht nur mit den Ohren. Sie lesen auch in den Gesichtern und in der Körpersprache ihrer Schützlinge. Sie achten auch auf Unausgesprochenes. Sie nehmen auf allen Sinneskanälen Stimmungen und Strömungen im Team wahr und gehen darauf ein. Sie decken die individuellen Motivationsmuster ihrer Schützlinge auf und setzen genau an diesen an, um sie für ambitionierte Ziele und weitere Leistungssteigerungen zu begeistern. Dabei wecken sie bei ihren Schützlingen die Sehnsucht, die ambitionierten Ziele erreichen zu wollen. Hierfür benutzen gute Coaches eine Sprache, die von ihren Schützlingen verstanden und akzeptiert wird. Antoine de Saint-Exupéry, der Autor des „Kleinen Prinzen", formulierte dieses Prinzip wie folgt: „Wenn du ein Schiff bauen willst, so trommle nicht Männer zusammen, um Holz zu beschaffen, Werkzeuge vorzubereiten, Aufgaben zu vergeben und die Arbeit einzuteilen, sondern lehre die Männer die Sehnsucht nach dem weiten endlosen Meer."

Involvierender Dialog: Top-Coaches involvieren gezielt ihre Schützlinge in Entscheidungsprozessen und übertragen ihnen Verantwortung. Sie erkennen damit an, dass diese mündig, kompetent und ebenfalls Experten auf ihrem Gebiet sind. Sie geben nicht einseitig Aufgaben, Ziele und Lösungswege vor, sie treten vielmehr mit ihren Schützlingen in einen fortwährenden Dialog. Sie stellen Fragen wie: „Was ist deine Meinung – was ist aus deiner Sicht zu tun?" Damit erziehen sie ihre Schützlinge zu eigener Problemlösungskompetenz und erhöhter Selbstständigkeit. Zudem fördert dies die Akzeptanz bei den Schützlingen im Sinne von:

Intellektuelles Stimulieren: Gute Coaches bewegen sich immer am Puls der Zeit. Sie wissen dadurch, wie sich die Anforderungen und der Wettbewerb für ihre Schützlinge verändern und richten die Strategien zur Zielerreichung entsprechend neu aus. Sie setzen bewusst auf Abwechslung im Arbeitsalltag, um die Fantasie, Kreativität und Flexibilität ihrer Schützlinge zu fördern. Sie fordern ihre Schützlinge auf, offen, wachsam und bei Bedarf veränderungsbereit zu sein. Sie leben dabei selbst vor, was sie von ihren Schützlingen erwarten.

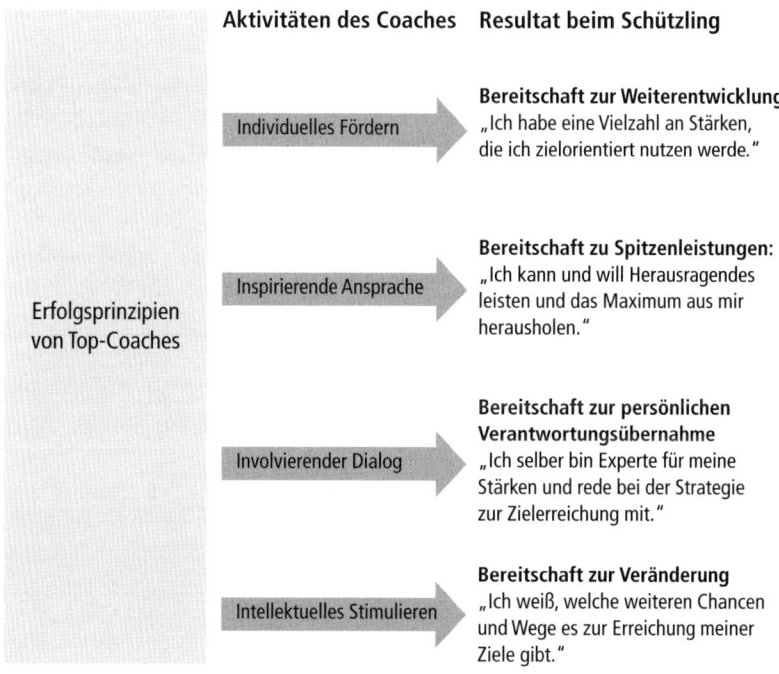

Abbildung 6: Erfolgsprinzipien von Top-Coaches – wie Spitzenleistungen erzielt werden

Insbesondere bei Top-Kräften, die extrem hohe Erwartungen an ihre Coaches stellen, ist es erforderlich, nach den eben angeführten Prinzipien zu führen. Erfüllt dein gegenwärtiger Coach diese Erfolgsprinzipien – die „vier Is" –, dann freue dich darüber und sei ihm dankbar. Erfüllt dein Coach hingegen die Mehrzahl der oben genannten Prinzipien nicht, dann denke ernsthaft darüber nach, eine Veränderung herbeizuführen und dir aktiv einen neuen Coach zu suchen, der dich besser fordert und fördert. Du verschenkst sonst wertvolles Potenzial und verlierst wertvolle Zeit in deiner Karriere. Denke daran, dass das Zeitfenster für Erfolg begrenzt ist und nicht dauerhaft offensteht. Schwache Coaches sind Zeit- und Energiefresser. Vor allem hast du einen wesentlichen Wettbewerbsnachteil gegenüber all denjenigen, die von hervorragenden Coaches betreut und geführt werden.

Die Wirkung der Erfolgsprinzipien von Top-Coaches auf ihre Schützlinge haben wir für dich in der Abbildung auf S. 69 dargestellt. Es wird deutlich, dass durch diese Erfolgsprinzipien sowohl die Leistungsfähigkeit als auch die Leistungsbereitschaft positiv beeinflusst werden.

Gute Coaches in Sport und Wirtschaft wissen auch, wie wichtig Spaß und gute Stimmung im Team für die Erzielung von Höchstleistung sind. Sie führen daher auch bewusst Maßnahmen – beispielsweise Teamevents – durch, um die Freude an der Arbeit und Zusammenarbeit zu fördern und den Gemeinschaftssinn zu stärken. Sie sehen es auch als ihre Aufgabe, darüber nachzudenken, wie sie es schaffen können, dass ihre Schützlinge trotz hartem Training oder trotz harter Arbeit lachen können. Sie wissen, dass damit sowohl die Qualität der Einzelleistungen als auch die Qualität der Teamleistung sowie die Identifikation mit übergeordneten Zielen gesteigert werden kann.

Ein guter Coach bringt dich nicht dazu, für Ziele zu arbeiten, die du selbst nicht erreichen möchtest.

Niemand kann von außen langfristig und stabil für Ziele motiviert werden, die er selbst nicht mitträgt. Die Motivation, herausragende Spitzenleistungen zu erbringen, muss aus dir selbst heraus kommen. Aus deinem tiefsten

Inneren. Dein Coach kann dir nur helfen, dich selbst zu motivieren und Demotivation zu vermeiden. Er kann dich unterstützen, Leistungen zu erbringen, von denen du niemals geglaubt hast, sie erzielen zu können. Der Coach weckt in dir die Sehnsucht nach größeren Zielen und stärkt dein Selbstbewusstsein und den Glauben an dich selbst, diese Ziele tatsächlich erreichen zu können. Aber es müssen immer deine eigenen Ziele sein, die du für erstrebenswert hältst.

Welche Rolle spielen Vertrauen und Wertschätzung und wie können diese aktiv gefördert werden?

Die genannten vier Erfolgsprinzipien von Top-Coaches sind wichtig, um die Leistungsfähigkeit und -bereitschaft der Schützlinge zu fördern. Aber ohne gegenseitiges Vertrauen und Wertschätzung zwischen Coach und Schützling geht gar nichts. Vertrauen und Wertschätzung bilden die unabdingbare Grundlage – das Fundament – der Zusammenarbeit. Erfolgreiche Menschen, die es an die Spitze geschafft haben, betonen sehr oft, wie wichtig eine vertrauensvolle Arbeitsbeziehung zu ihrem Coach für ihren erfolgreichen Werdegang ist. Viele sprechen auch von einer aufrichtigen Freundschaft, die sie mit ihrem Coach verbindet. Im Idealfall macht es zwischen dir und deinem Coach im positiven Sinne „klick". Ihr mögt und schätzt euch und habt Freude an der Zusammenarbeit.

Es ist daher kein Zufall, dass Thomas Lurz ausgerechnet von seinem Bruder Stefan trainiert wird. Er kann ihm blind vertrauen und sich sicher sein, dass er nicht nur als Athlet, sondern auch als Mensch wertgeschätzt wird. Gerade in Krisen, bei Konflikten oder in Niederlagen ist es für Schützlinge ungemein wichtig, einen Coach an ihrer Seite zu haben, dem sie vertrauen können und von dem sie Wertschätzung erfahren. Ist dies nicht der Fall, kann es gerade in schwierigen Situationen den Schützlingen zusätzliche Probleme bereiten und den Boden unter den Füßen wegziehen.

Wie können nun Vertrauen und Wertschätzung aktiv gefördert werden? Die nachfolgenden Punkte geben darüber Auskunft und dienen dir zugleich als Checkliste, ob dein gegenwärtiger Coach diesen zentralen Anforderungen hinsichtlich Vertrauen und Wertschätzung gerecht wird.

Karriere-Checkliste

- **Vorbild:** Vertrauen und Wertschätzung wird gefördert, indem du deinen Coach als Vorbild wahrnimmst. Er lebt das Verhalten selbst vor, das er von dir verlangt. So kann beispielsweise ein Coach nur dann glaubwürdig von dir eine ausgeprägte Leistungsorientierung oder Selbstdisziplin einfordern, wenn er sich selbst entsprechend leistungsorientiert und selbstdiszipliniert verhält. Geschieht dies nicht, leidet berechtigterweise das Vertrauen in den Coach. Ein Trainer oder eine Führungskraft, die regelmäßig unpünktlich erscheint, wird es schwer haben, Pünktlichkeit und Disziplin von seinen Schützlingen verlangen zu können und dabei als glaubwürdig wahrgenommen zu werden. Vertrauen hängt eng mit Authentizität zusammen. Das Gesagte muss mit den Handlungen übereinstimmen. Es geht um das Prinzip „Walk your talk."
- **Klarheit, Berechenbarkeit, Fairness:** Du musst dich auf deinen Coach absolut verlassen können. Er darf kein „Fähnchen im Wind" sein und seine Meinung nach Belieben ändern oder dir gar hin und wieder in den Rücken fallen. Fairness heißt nicht, dass der Coach alle Schützlinge gleich behandelt, denn das würde dem Prinzip der individualisierten Führung und auch der Leistungsdifferenzierung widersprechen. Fairness aber bedeutet sehr wohl, alle gerecht zu behandeln und gleiche Chancen einzuräumen.
- **Wohlwollen:** Ein guter Coach bringt dir absolutes Wohlwollen entgegen. Er möchte, dass Du erfolgreich bist. Auch Coaches sind nur Menschen und machen hin und wieder Fehler. Du musst dich aber darauf verlassen können, dass dein Coach immer nach bestem Wissen und Gewissen handelt und für dich das Beste möchte. Dies bildet die Grundlage dafür, dass du den Empfehlungen und Ratschlägen deines Coaches Gehör schenkst und sie gerade in wichtigen Situationen beachtest.
- **Begegnung auf Augenhöhe:** Du und dein Coach solltet euch auf Augenhöhe begegnen. Du musst mit deiner Meinung und deinen Vorschlägen ernst genommen werden. Ein guter Coach hört dir zu und nimmt dich ernst. Dies gilt auch dann, wenn ein Hierarchiegefälle zwischen dir und deinem Coach besteht.
- **Emotional führen:** Ein guter Coach führt dich nicht nur fachlich, sondern auch emotional. Er vermittelt dir Gefühle wie beispielsweise Stolz und Anerkennung. Er ist emotional berührt, wenn du Erfolge feierst oder Niederlagen einsteckst. Er lobt dich und nimmt dich – sofern passend – auch mal in den Arm. Er führt dich ganzheitlich und interessiert sich auch für dein Privatleben. Er zeigt dir, dass du ihn auch als Mensch, nicht nur als Sportler oder Arbeitskraft interessierst und berührst.

- **Konstruktive Kritik:** Ein guter Coach wird dich hin und wieder kritisieren, um deine persönliche Weiterentwicklung zu fördern. Dies macht er jedoch stets konstruktiv und wertschätzend. Er zeigt dir notwendige Verhaltensänderungen auf, die dich deinen Zielen näherbringen. Trotz seiner Kritik gibt er dir immer unmissverständlich zu verstehen, dass er eine hohe Wertschätzung für dich als Mensch hat. Dies gelingt ihm beispielsweise dadurch, dass er hervorhebt, welche Verhaltensweisen er an dir sehr schätzt, ehe er dazu überleitet, notwendige Verhaltensänderungen mit dir zu besprechen.
- **Nähe:** Ein guter Coach lässt Nähe zu. Denn Vertrauen kann ein Coach nur aufbauen, wenn er dich auch ein Stück an sich heranlässt. Vertrauen bedeutet nun mal, Nähe zuzulassen. Hierzu zählt auch, dass der Coach seinen Schützlingen eigene Schwächen eingesteht. Dies ist Zeichen einer starken, authentischen Persönlichkeit. Eine übertriebene Distanz – vielleicht aus einem ungesunden Hierarchieverständnis oder persönlicher Unsicherheit des Coaches heraus – ist für den Aufbau von Vertrauen hinderlich.

Die in der Karriere-Checkliste genannten Prinzipien gelten übrigens für Coach und Schützling gleichermaßen. Vertrauen und Wertschätzung sind niemals eine Einbahnstraße. Auch du hast natürlich deinem Coach Vertrauen und Wertschätzung entgegenzubringen. Lerne, deinen Coach zu verstehen, ebenso wie er lernt, dich zu verstehen. Dies bildet die Basis für eine erfolgreiche Zusammenarbeit.

Wenn ein Coach es zulässt und sich vor seinen Schützlingen dazu bekennt, sich von den Leistungen seiner Schützlinge ein Stück weit abhängig zu machen und seinen persönlichen Erfolg an den Erfolg seiner Schützlinge zu koppeln, sendet er damit zwei positive Signale aus:

- Er unterstreicht zum einen die gemeinsamen Ziele und das Zugehörigkeitsgefühl.
- Zum anderen – und darum geht es hier – zeigt der Coach seinen Schützlingen, dass er ihnen vertraut und seinen persönlichen Erfolg maßgeblich in deren Hände legt. Dies ist ein großer Vertrauensbeweis.

Auch oder vielleicht sogar insbesondere in hektischen Zeiten bedarf es Mut und Standhaftigkeit, einer von gegenseitigem Vertrauen und Wertschätzung geprägten zwischenmenschlichen Arbeitsbeziehung zwischen Coach und

Schützling ausreichend Zeit und Energie einzuräumen. Eine vertrauensvolle und tragfähige Beziehung fällt nicht vom Himmel. Sie muss von allen Beteiligten erarbeitet und bewusst gestärkt werden.

Thomas Lurz beispielsweise unternimmt in regelmäßigen Abständen mit seinem Trainer und Bruder Stefan bewusst Dinge, die nichts mit dem Training zu tun haben: ein Treffen zwischen zwei Menschen, die sich nahestehen, nicht als Treffen zwischen Spitzenathlet und seinem Trainer.

Diesem Prinzip folgen auch gute Führungskräfte in der Wirtschaft, die sich bewusst nach Feierabend hin und wieder Zeit für ihre Mitarbeiter nehmen, um sich mit ihnen in ungezwungener Atmosphäre außerhalb der Arbeit als Menschen auszutauschen und eine vertrauensvolle Beziehung zu stärken. Personaler sprechen vom Aufbau von „Sozialkapital", das für tragfähige und belastbare zwischenmenschliche Beziehungen erforderlich ist. Es geht darum, durch positive gemeinsame Erlebnisse das Sozialkapital so weit aufzustocken und zu stärken, dass es ausreicht, um auch mal auftretende Konflikte und Krisen zu überstehen, ohne dass es zum Bruch der Beziehung kommt. Sozialkapital wirkt im positiven Sinne wie ein „Speckgürtel" für Beziehungen, der in Zeiten einer Hungersnot dafür sorgt, dass die Bindung zwischen zwei Menschen nicht verhungert. So merkwürdig oder vielleicht auch „soft" sich solche Aussagen für viele Ohren anhören mögen: Arbeitsbeziehungen, die in diesem Stil geführt werden und sich durch gegenseitiges Vertrauen und Wertschätzung auszeichnen, bringen drei wesentliche Vorteile mit sich.

- Sie sind nicht nur meist erfolgreicher im Hinblick auf das eigentliche Ziel.
- Darüber hinaus motivieren derartige Arbeitsbeziehungen die Schützlinge, über lange Zeit ihr Bestes zu geben und getroffene Verpflichtungen zu erfüllen.
- Sie arbeiten nicht nur für sich selbst an ihren Zielen. Sie tun es auch für ihren Coach, den sie nicht enttäuschen möchten.

KAPITEL 4

Goodbye Komfortzone

Überwinde deinen inneren Schweinehund

„Training macht nicht jeden Tag Spaß. Insbesondere am Wochenende fällt es schwer, früh morgens aufzustehen, wenn der Wecker klingelt. Zweiter zu werden, macht allerdings noch viel weniger Spaß. Ich träume schon von den Olympischen Spielen in London. Ich male mir den Zielanschlag im Kopf aus. Ich sehe die Bilder vor mir. Ich male mir aus, wie sich der Olympiasieg anfühlt. Ich stelle mir vor, wie es ist, wenn ich mein größtes sportliches Ziel erreicht habe und am Ziel meiner sportlichen Träume angekommen bin. Dies motiviert mich jeden Tag aufs Neue, früh aufzustehen, ins Training zu fahren und mein Bestes zu geben.“

THOMAS LURZ

Wir haben es bereits zu Beginn dieses Buches erwähnt: Wer bequem ist und sich ausschließlich in seiner gewohnten Komfortzone aufhält, wird nicht an die Spitze kommen. An die Spitze gelangen diejenigen, die sich anstrengen, sich nach ihren ambitionierten Zielen recken und strecken, sich nicht von ihren Träumen abbringen lassen und es schaffen, jeden Tag aufs Neue ihren inneren Schweinehund zu überwinden. Im Wesentlichen geht es um zwei komplementäre Aspekte.

- Zum eines geht es darum, jeden Tag diszipliniert an seinen Zielen zu arbeiten, sich hierfür zu motivieren und nicht nachlässig zu werden, auch wenn Ablenkungen locken.
- Zum anderen geht es um die Fähigkeit und Bereitschaft, auftretende Widerstände zu überwinden und nicht kehrtzumachen, wenn es schwierig wird.

Beide Aspekte möchten wir dir nachfolgend detaillierter vorstellen und erläutern, wie du deine Komfortzone hinter dir lassen und deinen inneren Schweinehund überwinden kannst.

Wie arbeite ich jeden Tag diszipliniert an meinen Zielen?

Immer wieder stellen selbstdisziplinierte Menschen eindrucksvoll unter Beweis, wie viel sich erreichen lässt, wenn man etwas wirklich will und sich nicht beirren und von seinen Zielen abbringen lässt. Sowohl im Sport als auch in der Wirtschaft gelangen nicht notwendigerweise die Menschen mit dem größten Talent ganz nach oben. Es sind die Menschen mit der größten Hartnäckigkeit, mit dem größten Willen, ihre Zielvision zu erreichen und dort anzukommen, wovon sie träumen.

Es ist ein unbändiger Wille zum Erfolg, der Menschen antreibt, die Außergewöhnliches leisten.

Thomas Lurz wusste sehr früh, dass er die Weltspitze im Schwimmsport erreichen wollte. Er wusste, dass dies nur mit hartem, kontinuierlichem Training möglich ist, das er über Jahre hinweg konsequent betreiben muss, um seinen Körper fit zu halten und an das erforderliche Leistungsniveau heranzuführen. Zur Verdeutlichung haben wir nachfolgend den Trainingsplan von Thomas Lurz aufgeführt, den er täglich – auch an Wochenenden, am eigenen Geburtstag und an Feiertagen wie Weihnachten oder Neujahr – absolviert.

06.15 Uhr	Aufstehen, kleines Frühstück
07.00 Uhr – 09.15 Uhr	Schwimmtraining (7–11 Kilometer)
09.30 Uhr – 10.30 Uhr	Physiotherapie, Massage
11.00 Uhr	Großes Frühstück
11.20 Uhr – 13.00 Uhr	Regenerationsphase
13.00 Uhr	Mittagessen
13.30 Uhr – 14.30 Uhr	Regenerationsphase
14.30 Uhr – 19.00 Uhr	Zuerst Trockentraining (z. B. Krafttraining), dann zweites Schwimmtraining (7–11 Kilometer)
20.00 Uhr	Abendessen

Anhand dieses Trainingsplans schwimmt Thomas Lurz 3.500 Kilometer pro Jahr und bis zu 110 Kilometer pro Woche. Trainingsfreie Wochenenden oder trainingsfreie Urlaube sind nur in Ausnahmen während der Saisonpause möglich. Dieses intensive, harte und kontinuierliche Training ist erforderlich, um das hohe Leistungsniveau aufrechtzuerhalten, das er als Weltklasseschwimmer benötigt.

Wie arbeitet man täglich so hart an seinen Zielen und bringt die hierfür erforderliche Motivation auf? Wie holt man sich selbst Tag für Tag aus der eigenen Komfortzone heraus? Wie überwindet man seinen inneren Schweinehund? Wie schafft man es, lauernden attraktiven Verlockungen zu widerstehen und sich auf seine Ziele zu konzentrieren? Wie bringt man die Energie auf, jeden Tag erneut daran zu arbeiten, die eigene Leistungsgrenze noch weiter nach oben zu verschieben? Wie überwindet man aufkommende Zweifel, ob sich die Anstrengungen wirklich Tag für Tag lohnen? Wie bringt man nach einem großen Erfolg erneut wieder die Motivation auf, am Ball zu bleiben und den nächsten Erfolg in Angriff zu nehmen?

Wichtig ist der Glaube an dich selbst und die tiefe Überzeugung, dass du deine Ziele wirklich von ganzem Herzen erreichen möchtest. Ohne den Glauben an dich selbst und deinen entschiedenen Willen, dein Ziel zu erreichen, geht nichts. Dann siegt der innere Schweinehund. Und dieser starke Glaube kommt von innen. Er entsteht, wenn du genau weißt, was du willst, was dein Traum ist, für den du brennst und für den du bereit bist, tägliche Strapazen auf dich zu nehmen.

Deinen Traum zu kennen ist übrigens kein einmaliger, sondern ein fortlaufender Prozess. Er beinhaltet, regelmäßig innezuhalten, um zu reflektieren und deiner inneren Stimme zuzuhören. Das bedarf keiner großen zeitlichen Investition, es ist eher eine Frage von Offenheit dir selbst gegenüber. Es geht einmal mehr darum, zu dir selbst zu stehen, das zu tun, was du selbst von ganzem Herzen möchtest– unter Umständen auch entgegen aller Einwände von außen. Habe den Mut, deine Träume nicht aufzugeben und jeden Tag daran zu arbeiten, ihnen näherzukommen.

Einem Traum hinterherzujagen ist das effektivste und kraftvollste Mittel, deine bequeme Komfortzone hinter dir zu lassen und Tag für Tag deinem inneren Schweinehund erfolgreich die Stirn zu bieten.

Wie überwinde ich auftretende Widerstände?

Zum Ziel führt nur sehr selten eine gerade Strecke ohne Hindernisse. In der Regel hat die Strecke Höhen und Tiefen. Dies gilt für einzelne Zieletappen deiner Karriere sowie für das Erreichen deiner Zielvision als Ganzes. Es liegen überall Steine im Weg. All dies gehört auf dem Weg zum Erfolg dazu. Derartige Hindernisse sind zwar nicht angenehm. Sie sind lästig, nervtötend, zeitraubend. Aber sie erfüllen durchaus ihren Zweck, denn sie sind wie Prüfungen, die der Erfolg an dich stellt. Willst du wirklich aus ganzem Herzen das erreichen, was du dir in den Kopf gesetzt hast? Möchtest du um jeden Preis an deinem Ziel ankommen, auch wenn es jetzt schwierig wird? Wenn ja, dann reiß dich zusammen und räume die Hindernisse beherzt aus dem Weg. Wo ein ausgeprägter Wille zum Erfolg ist, lässt sich stets auch ein Weg finden. Erfolgreiche Menschen sehen Hindernisse nicht als Ausreden für ausbleibenden Erfolg. Sie finden dennoch ihren Weg zum Ziel. Das differenziert erfolgreiche Menschen von Durchschnittsleistern. Sie beißen sich immer durch. Sie schaffen es, ihren inneren Schweinehund zu überwinden. Nur wer in allen Phasen des Lebens, den Hoch- wie den Tiefphasen, niemals aufgibt, sondern den Blick in die Zukunft und auf seine Ziele richtet, wird dort ankommen, wo er hin will.

Der Wunsch aufzugeben ist nur allzu menschlich. Richtig erfolgreiche Menschen allerdings geben niemals auf. Sie drehen vielleicht eine Extra-Runde, trainieren nochmal härter, überprüfen ihre Strategien, stellen ihre Techniken um, nehmen sich mehr Zeit für die nächste Entscheidung, suchen sich neue Förderer und Unterstützer, mobilisieren neue Kraftreserven. Sie schalten in einen „Augen-zu-und-durch-Modus" und packen schwierige Aufgaben an. Aber sie geben niemals auf.

Thomas Lurz hat während seiner Wettkämpfe im Freiwasser oft mit widrigen Umständen zu kämpfen. Es sind Umstände, die stören, ablenken und teilweise sogar widerlich sind. Dennoch lässt sich Thomas Lurz von seinem Ziel, den Sieg nach Hause zu schwimmen, nicht ablenken. Einige Beispiele hierfür haben wir nachfolgend aufgeführt:

- Beim Weltcup-Rennen im chinesischen Shantou lief die Kanalisation der chinesischen Millionenstadt in die Wettkampfstrecke hinein. Das Wasser war nicht nur trüb, es war offensichtlich schmutzig. Alle Schwimmer mussten daher extrem darauf achten, trotz Wellengang möglichst kein Wasser zu schlucken. Im Wasser tauchten ferner immer wieder Wasserschlangen auf. Die chinesischen Schiedsrichter konnten darüber hinaus kein Englisch, was zu Missverständnissen während des Wettkampfes führte.
- Beim Weltcup-Rennen in New York schwammen die Athleten im Hudson River. Das Wasser war dreckig und die Strömung stark, da viele große Schiffe an den Athleten vorbeifuhren. Große Felsen auf der Rennstrecke führten bei schlechten Sichtbedingungen im Wasser bei Thomas Lurz zu Verletzungen.
- Beim Weltcup in Kopenhagen führte die Rennstrecke im Wasser durch die Innenstadt um das Parlamentsgebäude herum. Das Wasser war eiskalt und wimmelte von Quallen, die den Athleten auf der Haut brannten. Gleichzeitig war das Wasser glasklar und offenbarte, wie viel Müll auf dem Grund lag.
- Beim Weltcup-Rennen in Abu Dhabi tauchten Delfine während des Rennens auf und schwammen mit den Athleten mit. Dies führte zu Irritationen.

Bei allen vier Weltcup-Rennen waren die Bedingungen widrig und sorgten für Ablenkung. In allen vier Rennen hat Thomas Lurz den Sieg errungen. Er hat sich nicht beirren lassen. Er wollte den Sieg. Er trat nicht an, um Zweiter zu werden. Er wollte nicht widrige Bedingungen als Ausrede für einen verpassten Sieg verwenden. Erfolgreiche Menschen beißen sich durch und geben niemals auf.

Thomas Lurz (vorne im Bild) beim Wettkampf unter widrigen Bedingungen

Thomas Lurz ist schon viele Rennen in seiner Karriere geschwommen, in denen er sich nicht gut gefühlt hat und über weite Strecken hinweg lediglich im Mittelfeld und nicht an der Spitze gelegen ist. Gerade in diesen Situationen beginnt für ihn auch die psychische Arbeit: sich auf sein Ziel – den Sieg des Rennens oder die Olympiaqualifizierung – zu konzentrieren, an sein Leistungsvermögen zu glauben, an die Erfolge zu denken, die er schon gefeiert hat und die ihm Glauben an die eigenen Fähigkeiten schenken. Es geht in diesen Phasen darum, nicht nur physisch, sondern auch mental stark zu sein, seine Gedanken zu kontrollieren und auf Erfolg zu programmieren. Es geht auch darum, sich nicht von Störungen oder Aktivitäten der Konkurrenz beirren zu lassen, sondern an der eigenen Strategie und vor allem an der eigenen Stärke festzuhalten. Durchhaltevermögen im Hinblick auf die Zielerreichung resultiert immer aus zwei Quellen.

- Du musst zum einen *fachlich* gut vorbereitet sein – bei Thomas sind dies beispielsweise die körperliche Fitness und die Schwimmtechnik.
- Du musst aber immer auch *mentale* Stärke mitbringen. Letztere ist erforderlich, um dein Leistungsvermögen gerade in wichtigen Situationen abrufen zu können, nämlich immer dann, wenn es wirklich darauf ankommt. Es geht darum, deine Kompetenz in Performanz – also in tatsächliche, messbare Leistung – umzusetzen. Mentale Stärke lässt sich ebenfalls trainieren. Vor allem lässt sie sich aus deinen bislang erzielten Erfolgen speisen. Erzielte Erfolge machen stark und selbstbewusst für zukünftige Erfolge.

Wir möchten es nochmals betonen: Aufgeben zu wollen, ist nachvollziehbar. Es liegt in der Natur des Menschen, Schmerzen vermeiden und Lustvolles erleben zu wollen. Doch was hierbei oft vergessen wird, ist: Auch Misserfolg durch Aufgeben kann Schmerzen verursachen, wenn auch auf andere Art und Weise. Denn auch ungenutzte Potenziale und verpasste Chancen können wehtun. Erfolge hingegen, zu denen du dich durchgebissen hast, führten vielleicht zunächst über einen steinigen Weg. Dich durchgesetzt, Hindernisse überwunden und dein Ziel erreicht zu haben, bereitet dir jedoch ein Gefühl, das mit nichts aufzuwiegen ist: Stolz auf dich selbst zu sein. Es stärkt darüber hinaus auch dein Selbstbewusstsein, noch größere Ziele erreichen und gegebenenfalls noch größere Widerstände überwinden zu können. Es stärkt den Glauben an dich selbst.

Thomas Lurz kämpft auf seinen Langstreckenrennen oft mit Muskelschmerzen und Erschöpfung. Oftmals stecken zudem noch die Müdigkeit und der Muskelkater aus vorherigen Rennen in den Gliedern. Bei einigen Wettkämpfen – beispielsweise bei den Weltcups im Atlantik – ist das Wasser so kalt, dass jede einzelne Körperpartie aufgrund der Kälte schmerzt. Anstatt an Aufgeben zu denken, beißt Thomas Lurz insbesondere im Schlussspurt nochmal die Zähne zusammen und mobilisiert alle verfügbaren Kraftreserven. Er konzentriert sich völlig auf sein Ziel und blendet Ablenkungen konsequent aus. Er denkt in diesem Zusammenhang oftmals an ein Zitat von Lance Armstrong:

„Pain is temporary, while quitting lasts forever."

Oft muss man auch auf seinem Karriereweg in der Wirtschaft die Zähne zusammenbeißen und Phasen durchstehen, die viel Mühe und Anstrengung kosten. Dies kann bereits im Studium der Fall sein, wenn man mit einigen Fächern zu kämpfen hat, die einem alles andere als leichtfallen, und die Vorlesungen und Prüfungen als Qual erscheinen. Dann kann leicht der Gedanke aufkommen, sich die Mühen nicht mehr antun zu wollen und alles hinzuwerfen. Passende Ausreden lassen sich immer finden. Nachvollziehbar, aber: „Pain is temporary, while quitting lasts forever."

Die erforderlichen Anstrengungen können sich nach dem Studium im Job fortsetzen. Auch dort kann es immer wieder mal sehr anstrengende oder frustrierende Phasen geben, beispielsweise Projekte mit hohem Zeitdruck, schwierigen Kooperationspartnern oder schwierigen Kollegen. Erfolgreiche Karrieren beinhalten auch immer schwierige Zeiten und herausfordernde Arbeitssituationen mit oftmals unangenehmen Themen oder hin und wieder auch unangenehmen Menschen. Dies gehört dazu. Während einer erfolgreichen Karriere werden dir immer Menschen begegnen, die dir deinen Erfolg nicht gönnen und gegen dich arbeiten werden. Offen oder verdeckt. Unangenehm ist beides. Ein weitverbreitetes Muster von Menschen, die sich nicht zum Erfolg im Job durchbeißen, ist, sich zaghaft auf den Weg zu ihren Zielen zu machen und dann aufzugeben, sobald sich erste Hindernisse oder Unannehmlichkeiten zeigen. Eine passende Ausrede ist schnell gefunden. Anstatt sich durchzubeißen, geben sie lieber auf und suchen sich etwas Neues. So gibt es beispielsweise Werdegänge in der Wirtschaft, die geprägt sind von aneinandergereihten Versuchen, in einem Job Fuß zu fassen, um dann bei ersten Problemen aufzugeben und sich einen neuen Job zu suchen. So entstehen Lebensläufe, die weder eine ausgeprägte Zielorientierung noch Durchhaltevermögen erkennen lassen. Es ist nicht weiter überraschend, dass derartige Lebensläufe in der Regel nicht zu erfolgreichen Karrieren führen. Denn mit jedem neuen Job fängt man auch wieder neu an und muss viel Energie aufwenden, sich neu einzuarbeiten und zu bewähren. Der Business-Experte Hermann Scherer beschreibt Menschen mit derartigen Lebensläufen bewusst überspitzt wie folgt: „Ein Leben lang suchend, ein Leben lang frustriert, ein Leben lang enttäuscht, und das auch noch auf Anfängerniveau!" (vgl. Scherer 2011).

Von großer Bedeutung ist übrigens die feine Unterscheidung zwischen „nicht aufgeben" und „wissen, wann man loslassen und einen anderen Weg einschlagen muss". Wie oft hatte jeder von uns schon einmal das vage

Gefühl, dass das, was wir tun, nicht mehr zu uns passt oder nicht zum gewünschten Erfolg führt? Hier ist Offenheit für notwendige Veränderungen gefragt.

Als Thomas Lurz sich von seiner Lieblingsstrecke, 1.500-Meter-Freistil im Becken, verabschiedete, war dies ein Moment von „loslassen und anderen Weg einschlagen". Es war kein Aufgeben, denn er hielt an seiner persönlichen Zielvision fest, die Weltspitze im Schwimmsport zu erreichen. Es war vielmehr ein notwendiger Strategiewechsel zum Erreichen seiner Zielvision. Es ging um die Wahl der passenden Nische, in der er seine persönlichen Voraussetzungen für Erfolg voll entfalten kann. Wir hatten es erwähnt: Von einem toten oder lahmenden Pferd sollte man absteigen. Loslassen ist schwierig und erfordert große persönliche Stärke und Selbsterkenntnis. Dennoch muss man lernen und sich trauen, loszulassen, denn:

Loslassen ist die Grundlage für persönliches Wachstum und Weiterentwicklung.

Und irgendwann wird jeder von uns an den Punkt kommen, wo es darum gehen wird, seine bisherige Karriere zu beenden und sich anderen Aufgaben zu widmen. Auch dies ist ein Loslassen. Bei Profisportlern kommt dieser Zeitpunkt deutlich früher als bei Berufstätigen in der Wirtschaft. Jeder, der diese Lebensphase vor sich hat, sollte ausreichend Zeit darauf verwenden, auszuloten, wo neue attraktive und passende Perspektiven liegen könnten. Die Wahl des richtigen Zeitpunkts ist hier wichtig. Manche gehen, wenn die Party am schönsten ist und sie die Hochphase ihres Erfolgs erreicht haben, wie beispielsweise die Biathletin Magdalena Neuner. Manche haben ihren Erfolgszenit bereits weit überschritten und machen dennoch weiter, wie Michael Schumacher. Die Frage des richtigen Zeitpunkts für ein Loslassen kann nur jeder für sich persönlich beantworten. Es ist eine ganz persönliche Entscheidung, für die das „Richtig" oder „Falsch" nur von dir selbst bestimmt werden kann, wobei es hierbei empfehlenswert ist, dein soziales Umfeld mit einzubeziehen. Auch die Frage, welche neuen Aufgaben zu dir passen und dir das Gefühl von Sinnhaftigkeit und Genugtuung vermitteln werden, ist sehr persönlich. Auch für diesen Schritt ist es sinnvoll, sich auf seine persönlichen Voraussetzungen für Erfolg – seine Kompetenzen, Stärken, Interessen und Werte – zu besinnen, um passende neue Aufgaben für den nächsten Lebensabschnitt auszuwählen. Denn deine persönlichen Voraussetzungen werden immer die tragenden Säulen für deinen Erfolg sein. Egal was du tust. Wenn du dich auf sie besinnst, werden sie dir immer treue Begleiter bei deinen Aufgaben sein, die du mit Freude und Erfolg erledigen wirst. Daher kannst du dich auf sie in jeder Lebensphase verlassen.

KAPITEL 5

Training mit den Besten

Wenn du aufhörst, besser zu werden, hörst du auf, gut zu sein

„Wenn du spitze sein möchtest, umgebe dich mit Spitzenleuten, die dich jeden Tag herausfordern."

THOMAS LURZ

Die große Parallele zwischen Karrieren, die im Profisport oder in der Wirtschaft an die Spitze führen, ist eine ausgeprägte, oftmals auch kompromisslose Leistungsorientierung im Hinblick auf die Zielvision. Leistungsorientierte Menschen benötigen auf ihrem Weg zum Erfolg den Austausch und die Zusammenarbeit mit anderen leistungsorientierten Menschen. Ein Erfolgsgeheimnis von erfolgreichen Menschen ist daher, sich ganz bewusst mit anderen Spitzenkräften zu umgeben. Spitzenathleten trainieren mit anderen Spitzenathleten. Spitzenleute aus der Wirtschaft suchen den Kontakt zu anderen Spitzenleuten und treffen sich während der Arbeit sowie in Managementzirkeln, Leadership-Programmen und exklusiven Netzwerken, um sich auszutauschen und von anderen erfolgreichen Menschen zu lernen. Leistungsstarke Menschen mit ambitionierten Zielen brauchen ein leistungsstimulierendes Umfeld. Es wirkt wie „Dünger" für die eigene

Leistungsfähigkeit. Ein solches erhältst du, indem du dir bewusst Trainings- und Arbeitsbedingungen suchst, in denen du mit anderen Spitzenkräften zusammenarbeiten und dich täglich zu Leistungssteigerungen inspirieren und motivieren lassen kannst.

Von Spitzenkräften gehen fruchtbare und stimulierende Leistungsimpulse aus, die ihr soziales Trainings- und Arbeitsumfeld nutzen kann und sollte. Es ist daher wichtig, dass du dich bereits im Trainings- bzw. im Arbeits- alltag – also dort, wo du am meisten Zeit verbringst – mit anderen Spitzen- kräften – möglichst mit den Besten deiner Zunft – umgibst und von ihnen lernen kannst. Ein solches Arbeitsumfeld hält frisch, wachsam und offen für erforderliche Anpassungen. Du hast einen ständigen Gradmesser, wo du im Vergleich zu anderen leistungsstarken Menschen stehst. Du kannst für dich ableiten, welchen Weg du noch gehen musst, um zur absoluten Spitze zu gehören. Darüber hinaus wird ein fortwährender Austausch mit gleich- gesinnten Spitzenleistern ermöglicht, die sich gegenseitig „pushen" und mit neuen Ideen befruchten können. Dies ist wichtig, denn Menschen mit aus- geprägtem „Drive" und dem Willen, Spitzenleistungen zu erzielen, werden oftmals von Durchschnittsleistern, die sich dauerhaft in einer bequemen Komfortzone bewegen, nicht verstanden. Menschen, die auf einem be- stimmten Gebiet Spitzenleistungen erzielen, können recht einsam werden. Einsame Spitze im wahrsten Sinne des Wortes. Dies liegt zum einen am leis- tungsseitigen Abstand zu der breiten Masse. Vor allem aber liegt es auch am hohen Zeitaufwand, der für die harte Arbeit am Erfolg erforderlich ist. Der Austausch mit Gleichgesinnten ist vor diesem Hintergrund für Spitzenleis- ter nicht nur erfrischend, sondern kann sie in ihren anspruchsvollen Zielen auch noch weiter bestärken und ihnen das wichtige Gefühl vermitteln, dass es auch noch andere Spitzenleister gibt, die auf der gleichen Welle schwim- men wie sie.

Mit anderen leistungsstarken Menschen zusammenzuarbeiten, führt zu täg- lichen Lernerfahrungen und Inspirationen. Ein solches Umfeld allerdings ist nicht immer bequem. In einem leistungsstarken Umfeld fällt es auf, wenn du nur Durchschnittsleistungen erbringst oder demotiviert bist. Du musst dich anstrengen, um nicht zurückzufallen. Ein derartiges Trainings- oder Arbeitsumfeld fordert dich jeden Tag heraus. Spitzenleister brauchen das für ihre persönliche Weiterentwicklung. Denn es regt zum Nachdenken an: Was machen die anderen womöglich noch besser als ich? Was kann ich von ihnen lernen? Welche Facetten ihrer Leistung möchte ich gerne selbst auch umsetzen und mich in diesen Punkten gezielt verbessern? Wo stehe ich mit meiner Leistung im Vergleich zu den anderen? Was differenziert mich? Was sind meine klaren Wettbewerbsvorteile, die ich gezielt nutzen und noch weiter ausbauen sollte?

Menschen mit dem Willen, an die Spitze zu gelangen und anspruchsvolle Ziele zu erreichen, scheuen nicht davor zurück, sich mit anderen Spitzenkräften zu messen.

Wie kann ich ein leistungsstimulierendes Umfeld nutzen?

Ein herausforderndes und leistungsstimulierendes Trainings- und Arbeitsumfeld ist hilfreich für Lerneffekte; diese wiederum sind Voraussetzung für persönliche Weiterentwicklung und das Realisieren von Spitzenleistungen. Denn wer sich einerseits auf anspruchsvolle Ziele vorbereitet und sich andererseits in seinem Arbeitsalltag ausschließlich mit Menschen umgibt, die leistungsmäßig klar unterlegen sind, realisiert genau so viele Lerneffekte wie ein Angler, der im Aquarium fischt, um sich für das Tiefseefischen auf hoher See vorzubereiten: nämlich gar keine. Es ist nun mal keine Kunst, über eine Latte zu springen, die so niedrig hängt, dass du sie auch ohne Anstrengung überspringst. Dies wäre Komfortzone ohne Lernkurve in Reinform. Aufgaben und Anforderungen dieser Art führen nicht zu Leistungssteigerungen und definitiv auch nicht an die Spitze. Sie würden zu fehlendem Abstand zur eigenen Leistung, zur Abwesenheit von Selbstreflexion und -kritik sowie zu einer Erschlaffung des Willens führen, sich anzustrengen, um sich möglichst jeden Tag weiterzuentwickeln. Selbstbewusste erfolgreiche Menschen scheuen nicht davor zurück, sich tagtäglich mit den Besten ihrer Zunft auseinanderzusetzen und zu messen. Sie suchen aktiv die Zusammenarbeit mit diesen Menschen und nutzen dies für ihre persönliche Weiterentwicklung.

Auch dies möchten wir mit einem anschaulichen Beispiel untermauern: Wenn ein Rennpferd im Training gegen ein Pony antritt, dann mag dies für Außenstehende ein lustiger Anblick sein. Das Rennpferd saust davon und das Pony tapst hinterher. Auf den ersten Blick mag sich das nach attraktiven Trainingsbedingungen für das Rennpferd anhören: Es ist die unangefochtene Nummer eins. Es erhält bei jedem Training das Gefühl, dass seine Leistung herausragend ist. Es wird bestärkt in dem Glauben, ein schnelles Pferd zu sein. Es ist die „Primadonna" auf der Rennbahn und genießt die größte Aufmerksamkeit, vielleicht sogar Bewunderung vom Trainingspartner. Es wird jeden Tag gebauchpinselt, weil das Pony einfach nicht an das Rennpferd herankommt. Das Rennpferd ist immer schneller. Aber wer trägt die Trainingseffekte zur Leistungssteigerung davon? Natürlich ausschließlich das Pony. Das Rennpferd profitiert gar nicht von seinem Trainingspartner. Im Gegenteil: Es läuft Gefahr, eitel, bequem und zu siegessicher zu werden. Das Rennpferd hat weder ein Korrektiv noch einen verlässlichen Gradmesser für die eigene Leistung. Denn im Wettkampf muss sich das Rennpferd mit anderen Rennpferden messen. Das Training mit dem Pony bereitet daher schlecht auf einen solchen Wettkampf vor. Wenn das Rennpferd anspruchsvolle Ziele erreichen möchte, muss es sich bereits im Trainingsalltag mit anderen herausragenden Rennpferden messen. Es muss sich recken und strecken, um die anderen Rennpferde hinter sich zu lassen. Es muss herausgefordert werden, an die eigene Leistungsgrenze zu gehen, um sein Leistungsvermögen zu steigern. Erst dann sind Trainingsbedingungen gegeben, die Spitzenleistungen in einem anspruchsvollen Wettbewerbsumfeld ermöglichen.

Es ist kein Zufall, dass bestimmte Sportvereine und bestimmte Unternehmen als Kaderschmieden für bestimmte Bereiche bekannt sind, in denen Spitzenkräfte zusammen trainieren, zusammen arbeiten und sich gegenseitig täglich zu noch besseren Leistungen pushen. Sie nutzen den Effekt, dass sich Spitzenkräfte gegenseitig anspornen und im Zusammenwirken eine eigene, leistungsstimulierende Dynamik entwickeln. Solche Bedingungen führen zu einer Leistungsspirale nach oben.

Thomas Lurz trainiert bei seinem Verein, dem SV Würzburg 05, der zugleich Bundesstützpunkt für Freiwasserschwimmer ist. Er trainiert dabei in einer internationalen Trainingsgruppe aus Top-Schwimmern unterschiedlicher Nationen. Er umgibt sich in seinem Trainingsalltag ganz bewusst mit anderen Athleten, die ebenfalls Weltklasseniveau haben und sich gemeinsam mit ihm auf große Wettkämpfe wie Weltmeisterschaften und Olympische Spiele vorbereiten. Sie alle sind getrieben von anspruchsvollen sportlichen Zielen, sie alle sind leistungsstark und gehen im Training an ihre Leistungsgrenzen. Sie alle verausgaben sich, um sich noch weiter zu verbessern. Sie alle sind diszipliniert und arbeiten hart an ihren sportlichen Erfolgen. Thomas verbringt jeden Tag bis zu fünf Stunden im Schwimmbecken und trainiert. Es wären verschenkte Lernchancen, diese Stunden nicht auch für herausfordernde Impulse von anderen Spitzenschwimmern zu nutzen. Er umgibt sich ganz bewusst mit anderen „Rennpferden".

Wenn du in der Wirtschaft dein Leistungsvermögen steigern und Spitzenleistungen erzielen möchtest, dann suche dir aktiv einen Arbeitgeber oder eine Branche aus, der bzw. die für eine leistungsfördernde Unternehmenskultur bekannt ist. Wenn du eine steile Lernkurve realisieren möchtest, die dich an deine anspruchsvollen Ziele schneller heranführt, dann wähle zudem ganz bewusst eine Führungskraft und ein Team aus, die hierfür ideale Sparringspartner sind und das passende Arbeitsumfeld bieten. In den meisten Unternehmen gibt es bestimmte Bereiche und Teams, die besonders leistungsstimulierend sind und zur persönlichen Weiterentwicklung animieren. Solche Teams sind in doppelter Hinsicht für dich vorteilhaft:

■ Sie fordern dich täglich heraus, inspirieren dich und fördern damit dein Leistungsniveau.
■ Darüber hinaus haben solche Teams auch eine entsprechend gute Reputation im Unternehmen. In einem solchen Team zu arbeiten und sich den für Spitzenleistungen erforderlichen Feinschliff abzuholen, wirkt sich positiv auf deinen persönlichen Marktwert im Unternehmen aus. Du profitierst von positiven Abstrahleffekten aus einem solchen leistungsstarken Team auf deine persönliche Leistungsfähigkeit und deine persönliche Reputation als Leistungsträger. Personaler sprechen in dem Kontext von der „Signalwirkung", die Stationen bei renommierten Unternehmen und in renommierten Teams auf die Wahrnehmung und Bewertung deines Lebenslaufs haben. Du sendest damit das deutliche Signal aus: „Ich bin gut. Denn ich gehöre diesem Höchstleistungsteam an. Ich wäre nicht dort, wenn ich nicht gut wäre." Es werden daraus positive Zukunftsprognosen für deinen weiteren Werdegang und für deine weitere Leistungsfähigkeit und -bereitschaft abgeleitet.

Auch bestimmte Branchen sind fordernder und kompetitiver als andere und ziehen daher besonders ambitionierte, leistungsorientierte Menschen an. Dies sind insbesondere Branchen, die schon sehr selektive Auswahlkriterien an ihre Mitarbeiter stellen. Hierzu zählen beispielsweise die Strategieberatungsunternehmen, die aufgrund ihres Geschäftsmodells dazu gezwungen sind, herausragende, ehrgeizige Mitarbeiter zu suchen und diese weiterzuentwickeln. Deren Mitarbeiter werden in der täglichen Zusammenarbeit mit Kollegen herausgefordert und zu Leistungssteigerungen inspiriert. So wirbt beispielsweise eine der renommiertesten Strategieberatungen und Talentschmieden der Welt, McKinsey & Company, Mitarbeiter mit dem Versprechen an: „Learn from the best." Dies ist der effektivste Hebel, um auf dem Weg zu seiner persönlichen Zielvision das Rüstzeug für das Erzielen von Spitzenleistungen zu erwerben. Die eindrucksvollen Karrieren von aktuellen und ehemaligen Mitarbeitern dieses Unternehmens sprechen für sich. Es klingt abgedroschen, ist aber insbesondere für Spitzenkräfte wahr:

Wenn du aufhörst, besser zu werden, hörst du auf, gut zu sein.

Menschen, die wirklich Lust auf Spitzenleistungen haben, erkennst du daran, dass sie in unterschiedlichen Situationen immer Lernchancen erkennen, die sie für ihre persönliche Weiterentwicklung und Verbesserung ihrer Leistungsfähigkeit nutzen können. Wir empfehlen dir daher, immer auf mögliche Lernchancen zu achten:

- *Lernen durch Inspiration*: Wenn du anderen Spitzenleistern begegnest – beispielsweise auf Wettkämpfen, Business-Meetings, Projekten oder Kongressen – überlege stets, was du von ihnen lernen kannst und wie du dies selbst trainieren und umsetzen kannst. Du lernst durch Inspiration. Wenn du beispielsweise in der Wirtschaft tätig bist und auf einem Kongress einem begnadeten Redner begegnest, der es schafft, sein Publikum zu begeistern und von seinen Ideen zu überzeugen, dann nutze die Chance, um von ihm zu lernen. Höre nicht nur inhaltlich zu, sondern beobachte diesen Redner genau, analysiere seine Techniken, Rhetorik und Körpersprache und überlege, wie du dies für deine eigenen Reden nutzen und umsetzen kannst.
- *Lernen durch Differenzieren*: So befremdlich es auf den ersten Blick auch klingen mag: Auch Begegnungen mit Schlechtleistern stellen Lernchan-

cen dar, die Spitzenleister für ihre persönliche Weiterentwicklung nutzen. Sie beobachten und analysieren die Leistung der Schlechtleister und leiten daraus ab, worauf sie achten müssen, um es selbst anders zu machen. Sie lernen durch Differenzieren. Wenn du beispielsweise in einem Unternehmen für eine schwache Führungskraft arbeitest, führe – wie bereits erwähnt – eine Veränderung herbei und suche dir eine neue, stärkere Führungskraft. In der Zwischenzeit – bis ein Wechsel erfolgen kann – mache das Beste aus dieser widrigen Zeit. Nutze die Zeit, indem du analysierst, warum die Führungsleistung deiner Führungskraft so schwach ist. Beobachte die Führungskraft genau und leite daraus ab, wie du niemals agieren möchtest, wenn du selbst talentierte Menschen führst. Wenn du von der Führungskraft schon nicht die „Dos" von guter Führung lernen kannst, dann lerne eben die „Don'ts". Auch dies kann erhellend sein. In diesem Fall fördert die schwache Führungskraft unbewusst deine persönliche Weiterentwicklung, indem du jeden Tag lernst, wie Führung eben nicht erfolgen sollte. Kurzum: Du kannst auch immer von Schlechtleistern lernen, du musst nur die Lernchancen erkennen, die sich dahinter für dich verbergen. Ähnlich geht auch Thomas Lurz vor, wenn er auf Wettkämpfen anderen Athleten begegnet, die hinter ihrem Leistungspotenzial zurückbleiben und nicht erfolgreich sind. Auch von ihnen versucht er, zu lernen. Hatten sie die falsche Taktik und haben sie ihr Rennen falsch eingeteilt? Waren sie unzureichend vorbereitet? Haben sie sich während des Rennens durch Attacken der Konkurrenz aus ihrem Konzept bringen lassen? Hatten sie einen suboptimalen Anschlag – ein schwaches Finish – und haben das Rennen hinten raus verloren? Auch durch die Auseinandersetzung mit diesen Fragen lassen sich wertvolle Erkenntnisse für die eigene Entwicklung ableiten.

Nichtsdestotrotz sind wir der Meinung, dass die stärksten Impulse für deine persönliche Weiterentwicklung vom Umgang mit anderen Spitzenleistern ausgehen. Wenn du erfolgreich sein möchtest, dann nehme die Herausforderung an, dich mit anderen Top-Leuten zu umgeben. Dies ist auch ein Zeichen souveräner und selbstsicherer Menschen, sich in einer solchen Umgebung wohlzufühlen. Wenn du in deinem Arbeitsalltag nicht ausreichend leistungsstarke Trainings- und Sparringspartner um dich herum hast, kann es sich lohnen, dich für einige Zeit bewusst in ein Trainingslager zurückzuziehen, um dich dort mit den Besten deiner Zunft zu messen und Impulse für wesentliche Leistungssteigerungen zu erhalten. Trainingslager bedeutet, sich bewusst aus dem gewohnten Trainings- oder Arbeitsalltag herauszulösen, um mit anderen Teilnehmern sehr intensiv zu trainieren. Zudem ermöglicht ein Trainingslager alternative Trainingsbedingungen, die Abwechslung in den gewohnten Trainingsalltag hineinbringen. Erfolgreiche Menschen müssen ab und zu die Perspektive wechseln, um sich weiterzuentwickeln.

Thomas Lurz zieht sich mehrmals im Jahr mit anderen Spitzenathleten ins Trainingslager zurück. Zum einen profitiert er von den Herausforderungen durch das ebenfalls hohe Leistungsniveau der anderen Athleten. Zum anderen kann er im Trainingslager auch andere, leistungsförderliche Trainingsbedingungen – beispielsweise Höhenluft – nutzen. Derartige Abwechslungen im Trainingsalltag können zu einer weiteren Leistungssteigerung und zu weiteren Leistungsimpulsen führen.

Ein analoges Prinzip gilt auch in der Wirtschaft. Auch hier kann es sinnvoll sein, sich in regelmäßigen Abständen bewusst eine Auszeit vom gewohnten Arbeitsalltag zu nehmen und mit anderen ambitionierten Menschen in ein „Trainingslager" zu gehen. Letztere heißen in der Wirtschaft anders. Es können berufsbegleitende MBA-Programme, unternehmensübergreifende Führungskreise, regelmäßige Netzwerktreffen oder auch renommierte Summer Schools mit internationalen Teilnehmern aus unterschiedlichen Bereichen der Gesellschaft sein. Es geht um das Prinzip, auf leistungsstarke Gleichgesinnte zu treffen, die jenseits des gewohnten Arbeitsumfelds als Sparringspartner und Inspirationsquelle dienen. Von einem solchen Trainingslager können wesentliche Impulse ausgehen, die deine Leistungsfähigkeit, Kreativität, Innovationskraft und Problemlösungskompetenz erhöhen.

Es gibt einen weiteren wesentlichen Grund, warum ein leistungsstimulierendes Umfeld für nachhaltigen Erfolg wichtig ist, denn: Die Wirkung des Erfolgs auf zukünftige Erfolge ist ein Paradoxon. Einerseits gilt, dass erzielte Erfolge stark und selbstbewusst für zukünftige Erfolge machen. Andererseits gilt, dass nichts so gefährlich für zukünftigen Erfolg ist wie gegenwärtiger Erfolg. Es gibt Beispiele von vielen ehemals erfolgreichen Menschen, deren Schwung, Ehrgeiz und Biss nach einem großen Erfolg zerronnen sind, versickert in einem tiefen Motivationsloch, das sogar in letzter Konsequenz zum Karriereende führen kann. Ganz klar: Der Glanz kann verführen. Er kann deinen Erfolgshunger stillen und allzu bequem machen. Er kann auch allzu siegessicher, nachlässig, arrogant und unaufmerksam machen. Wenn du nachhaltig erfolgreich sein und eine dauerhafte Karriere aufbauen möchtest, darfst du bei allem gesunden und berechtigten Selbstbewusstsein jedoch nie zu siegessicher werden. Lass es ruhig zu, dass deine bisherigen Erfolge dich selbstbewusst machen und den Glauben an deine Leistungsfähigkeit stärken. Das ist richtig und wichtig. Aber:

Lass niemals zu, dass dich deine Erfolge arrogant und unachtsam werden lassen.

Letzteres wäre dann das langsame, aber auch sichere Ende deines Erfolgs. Denn Erfolg ist ein Prozess, kein Zustand. Die Konkurrenz schläft nicht. Sie arbeitet unermüdlich daran, besser zu werden, sich neue Kompetenzen, Wissen oder neue Techniken anzueignen. Möglicherweise gibt es einen bislang noch völlig unbekannten Konkurrenten, der im Verborgenen intensiv daran arbeitet, besser zu werden, und darauf wartet, zum richtigen Zeitpunkt allen anderen in derselben Nische das Fürchten zu lehren. Was wir damit sagen möchten: Höre nie auf, wachsam und offen für notwendige Veränderungen zu sein. Die Welt um dich herum und die Anforderungen, die an dich gestellt werden, sind und bleiben dynamisch. Gleiches gilt für den Wettbewerb um dich herum. Strategien, die heute zum Erfolg führen, können morgen bereits überholt sein. Solange du Karriere machen möchtest, achte darauf, dass du nie nachlässig wirst und immer offen und anpassungsfähig bleibst. Ein leistungsstimulierendes Umfeld trägt effektiv dazu bei, die erforderliche Offenheit und Anpassungsfähigkeit zu bewahren. Es animiert dich, dich weiterzuentwickeln. Es zeigt dir jeden Tag, wie wichtig es ist, trotz aller bislang erzielter Erfolge noch besser werden zu wollen, um nicht aufzuhören, gut zu sein.

KAPITEL 6

Mentale Power

Kontrolliere deine Gedanken

„Wichtige Rennen gewinnst du auch mit dem Kopf. Du musst körperlich und mental enorm stark sein. Nur eines von beidem reicht nicht, du hast ansonsten immer eine Achillesverse und bist gerade in wichtigen Situationen verwundbar."

THOMAS LURZ

Du kannst dir sicher sein: Es wird immer Menschen geben, die dir auf deinem Weg zum Ziel Steine in den Weg legen. Weil sie dir deinen Erfolg nicht gönnen oder als Konkurrenten nach dem gleichen Ziel streben wie du. Auch gibt es auf dem Weg zur Spitze immer wieder schwierige Situationen – beruflich wie privat –, mit denen du vorab nicht rechnen kannst. Auch diese gilt es zu meistern. Es gehört zum Erfolg dazu, dass du immer auch Gegner, widrige Bedingungen und damit Gegenwind haben wirst. Das musst du aushalten und entsprechend damit umgehen können, wenn du anspruchsvolle Ziele erreichen möchtest. Dies gehört zu den Spielregeln des Erfolgs dazu – im Spitzensport wie in der Wirtschaft.

Spitzensportler stehen vor wichtigen Wettkämpfen – beispielsweise vor Olympischen Spielen, die nur alle vier Jahre stattfinden – unter einem enormen Belastungsdruck. Manche Chancen kommen im Leben nie wieder. Auch Spitzenleute und herausragende Nachwuchstalente in der Wirtschaft stehen vor wichtigen Situationen unter einem hohen Druck. Es darf nicht gepatzt werden. Umso wichtiger ist es, dass du dir selbst keine Steine in den Weg legst. Viele Menschen legen sich unbewusst Steine in den Weg, indem sie sich mental blockieren. Eine solche mentale Blockade lässt jene Menschen wie mit einer „angezogenen Handbremse" auf ihre Ziele zulaufen. Ineffiziente Reibungsverluste sind vorprogrammiert und die Zielerreichung ist gefährdet. Spitzenleister können sich keine mentalen Blockaden erlauben. Du solltest für dich versuchen, diese Blockaden zu vermeiden. Wenn Menschen an mentalen Blockaden leiden, kann dies in sehr unterschiedlichen Formen auftreten:

Liste gängiger mentaler Blockaden

- Sie trauen sich nicht, sich ambitionierte Ziele zu setzen. Sie halten diese – obwohl sie das Potenzial hierfür hätten – für unerreichbar. Der Kleinmut siegt.
- Sie werden von unberechtigten Versagensängsten gequält. Diese verderben die Lust auf Leistung und die Lust, sich in herausfordernde Situationen oder Wettkämpfe mit anderen leistungsstarken Menschen zu begeben. Diese allerdings sind notwendige Bewährungsproben auf dem Weg zu einem anspruchsvollen Ziel.
- Sie leiden im entscheidenden Moment an zu großer Nervosität und Lampenfieber. Dies hält sie davon ab, sich zu konzentrieren, auf das Ziel zu fokussieren und die Leistung abzurufen, zu der sie imstande sind.
- Sie verlieren unter Stress ihre Konzentration, verlieren den gedanklichen Überblick und vergessen ihre taktischen Vorhaben.
- Sie lassen sich von ihren Konkurrenten und deren Attacken zu stark beeindrucken und aus dem Konzept bringen. Damit geraten sie aus dem Takt und können sich nicht mehr voll auf ihre Leistung konzentrieren.
- Sie leiden an überzogener Harmoniesucht und halten es nicht aus, wenn Konkurrenten schärfere Geschütze auffahren und die Stimmung auf dem Weg an die Spitze rauer wird. Die Harmoniesüchtigen ziehen sich dann lieber zurück und verwerfen ihre gesetzten Ziele.
- Sie zweifeln vor wichtigen Terminen auf einmal an ihrem eigenen Leistungsvermögen. Ihnen kommt der Glauben abhanden, ihre anspruchsvollen Ziele tatsächlich erreichen zu können. Damit verlieren sie ausgerechnet auf der Zielgeraden den Mut.
- Sie lassen sich nach Niederlagen entmutigen, zweifeln an sich selbst und quälen sich mit Selbstvorwürfen. Anstatt aus den Niederlagen wertvolle Lernerfahrungen zu

ziehen und sich wieder auf ihre Zielerreichung zu konzentrieren, verlieren sie den Glauben an sich selbst und gehen mental geschwächt und entmutigt in die nächste wichtige Situation hinein.

Spitzenathleten, die bei entscheidenden Wettkämpfen ihr volles Leistungspotenzial abrufen müssen, um erfolgreich zu sein, können es sich nicht leisten, sich mental zu blockieren und hinter ihren Möglichkeiten zurückzubleiben. Auch Spitzenkräfte in der Wirtschaft dürfen in wichtigen Terminen nicht versagen. Im Gegenteil: Sie müssen physisch und psychisch maximale Präsenz und Selbstbewusstsein zeigen. Im Idealfall wachsen sie gerade in besonders wichtigen Situationen über sich hinaus und legen eine außergewöhnliche Konzentrationsfähigkeit an den Tag. Sie schaffen es, das Credo von Spitzenleistern „I do my best when I need it most" erfolgreich umzusetzen. Der erfolgreiche Umgang mit Stresssituationen ist wesentliche Voraussetzung für das Erzielen von Spitzenleistungen. Mit anderen Worten: Spitzenkräfte – in Sport und Wirtschaft – müssen auch eine ausgeprägte mentale Power aufbringen und diese gezielt trainieren. Sie müssen sich in den entscheidenden Situationen auf ihre mentale Kraft und ihre Nervenstärke verlassen und das Stresshormon Adrenalin positiv für sich nutzen können. Sie dürfen insbesondere nach erlebten Niederlagen gedanklich nicht in ein Loch fallen und anfangen, am eigenen Leistungsvermögen zu zweifeln. Sie müssen sich danach vielmehr schnellstmöglich im Kopf wieder auf Erfolg programmieren und in der nächsten erfolgskritischen Situation zu ihrer vollen Stärke und ihrem vollen Leistungsvermögen zurückkehren.

Warum ist das gezielte Training deiner mentalen Power für deinen nachhaltigen Erfolg so wichtig? Von positiven Gedanken gehen sowohl eine innere Antriebskraft als auch eine innere Heilkraft aus, die du für dich nutzen solltest. Hingegen führen pessimistische und düstere Gedanken zu negativen Emotionen wie Angst, Nervosität und negativem Stress. Diese verdunkeln das Gehirn. Der Verstand versagt. Es herrscht ein Ausnahmezustand im Kopf, der zu Konzentrationsunfähigkeit und Panik führen kann. Spitzenleistungen können nicht mehr abgerufen werden. Ein Horrorszenario für wichtige, erfolgskritische Situationen, das durch mentales Training vermieden werden kann.

Eine spannende Erkenntnis der neueren Psychologieforschung betrifft das Wechselspiel zwischen Großhirn und limbischem System, dem sogenannten „Gefühlsgehirn". Mit letzterem werden die Gefühle reguliert. Das Gefühlsmanagement nimmt im Spitzensport und in der Wissenschaft einen immer wichtigeren Stellenwert ein. Denn die Psychologieforschung hat herausgefunden, dass Menschen immer dann ihr Potenzial am besten entfalten und ausspielen können, wenn sie ihre Gefühlswelt zielorientiert steuern und einsetzen und das stimmige Zusammenwirken aus Gefühls- und Gedankenwelt für sich nutzen können. Im Durchschnitt wandern 50.000 Gedanken pro Tag durch den Kopf eines Menschen. Viele dieser Gedanken sind negativ und stehen der Erreichung anspruchsvoller Ziele entgegen. Vielen Menschen fällt es schwer, ihr Gedankenkarussell aus negativen Gedanken zu stoppen und die Richtung ins Positive zu ändern. Es gibt das aussagekräftige Sprichwort:

„Your thoughts can make or break you."

Darin steckt aus unserer Sicht viel Wahrheit. Deine Gedanken können dich entweder blockieren oder befreien. Sie können dich unsicher machen oder dir Kraft verleihen und deinen Handlungen eine klare, kraftvolle Richtung geben. Gefühle und Gedanken spielen eng zusammen und beeinflussen einander. Denn Gedanken steuern deine Gefühlswelt und damit deine Emotionen. Letztere sind der zentrale Antrieb unseres Verhaltens. Emotionen folgen deinen Gedanken wie Entenkinder der Entenmutter. Sie laufen brav hinterher. Wenn du folglich deine Gedanken bewusst in eine bestimmte Richtung steuerst, kannst du damit gezielt deine Emotionen beeinflussen. Damit nimmst du Einfluss darauf, ob du dich in bestimmten Situationen gut oder schlecht fühlst, ob du zuversichtlich oder pessimistisch bist, dich mental gut oder niedergeschlagen fühlst. In Emotionen liegt ein großes inneres Kräftepotenzial verborgen, das du durch die bewusste Steuerung deiner Gedanken mobilisieren kannst.

Erfolgreiche Menschen nutzen die Kraft ihrer Emotionen, um insbesondere in erfolgskritischen Situationen mental stark zu sein und über sich hinauszuwachsen. Sie trimmen sich gedanklich auf Erfolg. Sie nutzen gezielt den Rückenwind, der aus positiven Emotionen resultiert. Letztere wirken wie ein „Turbo", der in bestimmten Situationen eingeschaltet wird, um der Leistung einen großen Schub zu geben. Gedanken werden über innere Bilder gesteuert, die wir in unseren Köpfen schaffen. Deine inneren Bilder kannst du beeinflussen. Dies gelingt dir, indem du deine Gedanken bewusst kontrollierst und dich selbst im Kopf auf Erfolg programmierst. Es geht darum, die Regie über das Kino in deinem Kopf zu übernehmen und den Umgang mit deinen Gedanken, Gefühlen und inneren Bildern zu erlernen. Wie das funktioniert, möchten wir dir nun vorstellen.

Wie programmiere ich mich selbst auf Erfolg und übernehme die Kontrolle über meine Gedanken?

Deine Gedanken sind dir eine wichtige Kraftquelle. Wir sind davon überzeugt, dass jeder sich selbst gedanklich auf Erfolg programmieren und diese Kraftquelle für sich nutzbar machen kann. Es geht um den Aufbau einer inneren Stärke, die ebenso Einfluss verleihen kann wie körperliche Kraft. Du musst diese Fähigkeit, innere Stärke aufzubauen, allerdings trainieren und immer wieder üben. Ebenso wie dir Erfolg nicht einfach so geschenkt wird, wird dir auch „mentale Fitness" nicht einfach so in die Wiege gelegt. Mentale Fitness muss durch regelmäßiges Training geübt werden. Es ist allerdings eine lohnende Investition für deinen Weg an die Spitze.

Was bedeutet mentale Fitness genau? Es bedeutet, dass du deine Gedanken und damit deine Emotionen so beeinflussen kannst, dass daraus mentale Stärke entsteht. Letztere wirkt sich in mehrfacher Hinsicht positiv im Hinblick auf deine Zielerreichung aus:

- Sie verleiht dir Rückenwind für deine Motivation und deinen Glauben an dich selbst.
- Mentale Stärke macht dich in entscheidenden Situationen – beispielsweise in wichtigen Wettkämpfen oder Business-Meetings – selbstbewusst und ermöglicht es dir, dein Leistungspotenzial abzurufen oder idealerweise über dich hinauszuwachsen.
- Sie macht dich robust in Bezug auf Gegenwind und Attacken deiner Konkurrenten und hilft dir, dich in entscheidenden Situationen auf dich selbst und deinen Erfolgsplan im Kopf zu konzentrieren.

Thomas Lurz geht konzentriert an den Start, nachdem er zuvor das Rennen im Kopf durchgegangen ist und sich gedanklich auf Erfolg programmiert hat.

Folgende Checkliste gibt dir darüber Auskunft, was mentale Fitness auszeichnet. Darüber hinaus zeigt sie dir auf, welche Aspekte du immer wieder trainieren musst, um deine mentale Fitness zu stärken und weiter auszubauen:

Karriere-Checkliste

- Nicht deine Gedanken kontrollieren dich, sondern du kontrollierst deine Gedanken. Du kannst sie gezielt steuern. Damit übernimmst du die Regie in deinem Kopfkino. Dazu zählt, dass du willentlich von einem negativen auf einen positiven Gedanken umschalten kannst.
- Du schaffst es, negative Gefühle und Situationen aus deinen Gedanken zu löschen, um sie nicht als Ballast bei der nächsten wichtigen Situation in deinem Kopf zu haben. Dies ist insbesondere nach erlebten Rückschlägen und Niederlagen wichtig.
- Du schaffst es, bewusst Gedanken und Bilder in deinem Kopf zu erzeugen, die sofort positive Gefühle in dir auslösen, die dich stärken und beruhigen und dir damit die Nervosität nehmen.

- Du beherrschst den Umgang mit der „inneren Sprache". Mit letzterer gibst du dir selbst innere Befehle, die dein Verhalten wirksam beeinflussen und auf dein Ziel einschwören. Du sagst dir vor wichtigen Terminen beispielsweise: „Ich schaffe das. Ich werde alle mit meiner Leistung überzeugen."

- Dir gelingt es, aus deinem bisherigen Repertoire an Erfolgssituationen positive Erinnerungen in Form von Gedanken, Bildern und Emotionen in deinem Kopf aufzurufen. Diese bestärkende Kraft kannst du für dich nutzen und den Glauben an deine eigenen Fähigkeiten bewusst stärken.

- Du schaffst es, dir den Zustand der Zielerreichung mit allen Sinnen vor Augen zu führen. Du greifst den Erfolg im Kopf vorweg und erlebst ihn gedanklich mit allen Sinnen. Dir gelingt es, diesen Zustand mit allen Sinnen zu imaginieren und dir dabei die folgenden Punkte bildlich im Kopf auszumalen: Wie schmeckt dein Erfolg? Was hörst du? Wie siehst du am Ziel deiner Träume aus? Was für Gefühle gehen in dir vor? Wer wird um dich herum sein? Was wird über dich gesagt? Es geht um konkrete, farbenfrohe Sinneswahrnehmungen, die du bewusst in deinem Kopf hervorrufst, um die Kraft dieser Gedanken für dich zu nutzen.

Diese Aspekte der mentalen Fitness musst du genauso regelmäßig trainieren, wie erfolgreiche Sportler ihre körperliche Fitness und erfolgreiche Menschen in der Wirtschaft ihre fachliche Fitness trainieren. Denn diese mentale Fitness macht dich stark auf deinem Weg an die Spitze und macht dich stark in wichtigen Situationen, die erfolgskritische Meilensteine auf dem Weg zu deinen Zielen darstellen. Gerade wenn die Anstrengungen auf dem Weg zu deinem Ziel mal richtig wehtun und dir vieles abverlangt wird, solltest du dir dein Ziel in möglichst konkreten Sinneswahrnehmungen vor Augen führen. Dies verleiht dir Kraft. Es lässt dich spüren, warum du die erforderlichen Strapazen auf dich nimmst. Es lässt dich fühlen, warum es sich lohnt, die Zähne zusammen-zubeißen und konzentriert weiter an deinen Zielen zu arbeiten.

Auch viele Spitzensportler arbeiten mit mentalem Training. Sie unterscheiden dabei zwei Situationen:

- Im Stadium der *Entspannung* führen sie sich immer wieder frühere Erfolge und ihre größten persönlichen Siege vor Augen. Dies macht sie stark, selbstbewusst und zuversichtlich, noch weitere Ziele zu erreichen.

■ Im Stadium der *Anstrengung* führen sie sich ihre sportlichen Ziele vor Augen, um sich immer wieder daran zu erinnern, warum sie das harte und intensive Training auf sich nehmen. Dies macht sie stark, diszipliniert zu trainieren und an ihre Leistungsgrenzen zu gehen.

So malt sich Thomas Lurz gerade in der harten Olympiavorbereitungsphase ganz bewusst Bilder vom Zielzustand im Kopf aus: Wie fühlt es sich an, als Erster im Ziel anzuschlagen? Wie fühlt es sich an, am Ziel seiner sportlichen Träume angekommen zu sein? Wie fühlt es sich an, den letzten noch fehlenden sportlichen Titel gewonnen zu haben? Diese Bilder vom großen Ziel stacheln ihn jeden Tag an, im Training sein Bestes zu geben und die Strapazen und Entbehrungen der Olympiavorbereitung auf sich zu nehmen.

Ein weiterer Punkt ist uns wichtig, der ebenfalls zum Training deiner mentalen Fitness dazugehört: Lass dich nicht von Niederlagen demotivieren. Denn Niederlagen steckt jeder erfolgreiche Mensch im Laufe seiner Karriere hin und wieder ein. Niederlagen gehören auf dem Weg an die Spitze dazu. Hinfallen ist niemals ein Problem – solange du immer einmal mehr aufstehst als du hingefallen bist und dich nicht entmutigen lässt. Bereite dich mental darauf vor, dass es auf dem Weg zu deinen Zielen auch zu Tiefschlägen kommen kann und dass mal etwas nicht so klappt, wie du es ursprünglich geplant hast. Daher gehört zum mentalen Training auch, dich gedanklich auf mögliche Schwierigkeiten einzustellen.

Trainiere, dich durch Tiefschläge nicht aus deinem Konzept bringen zu lassen, sondern weiterhin an dich zu glauben und an deinen Zielen festzuhalten.

Niederlagen sind wichtige Lernquellen, ja. Aber du musst sie vor wichtigen Terminen wieder aus deinem Kopf löschen, denn sie dürfen dich nicht im nächsten entscheidenden Moment belasten.

Um genau im entscheidenden Moment mental stark zu sein, helfen dir bestimmte Rituale, zur Ruhe zu kommen und dich auf dein Ziel zu fokussieren. Diese möchten wir dir nachfolgend vorstellen.

Welche Rituale können mir helfen, im entscheidenden Moment mental stark zu sein?

Du musst dich in entscheidenden Situationen voll und ganz auf dich verlassen können und darfst dich nicht ablenken lassen. Denn du kannst nicht immer vorhersehen, wie erfolgskritische Situationen genau ablaufen werden. Dies wissen Sportler auf großen Wettkämpfen nicht, ebenso wenig wie Menschen in der Wirtschaft. Es gibt viele Faktoren – allen voran die Aktivitäten deiner Konkurrenten –, die Einfluss auf wichtige Situationen nehmen, die du selbst nicht vollumfänglich steuern kannst. Wohl aber kannst du steuern, wie du mental mit unvorhergesehenen Faktoren umgehst. Du musst auf dein Ziel fokussiert bleiben. Du darfst dich nicht aus deinem Konzept bringen lassen. Du darfst nicht nervös werden und ängstlich reagieren, denn das lenkt dich von deiner Zielerreichung ab. Dies möchten wir mit nachfolgendem Erlebnisbericht von Thomas Lurz bei seinem Rennen über zehn Kilometer bei den Olympischen Spielen in Peking 2008 verdeutlichen:

„Rückblickend hätte ich bei den Olympischen Spielen in Peking mehr als die Bronzemedaille erreichen können. Ich weiß, dass ich zumindest den Engländer, der die Silbermedaille gewonnen hat, noch hätte einholen können. Doch mich trieb beim Zieleinlauf die Angst. Angst, gar keine Medaille zu holen. Ich war mehr mit Gedanken beschäftigt, wie weit der Viertplatzierte hinter mir entfernt ist, als dass ich meinen Blick entschieden nach vorne gerichtet hätte, um noch weitere Plätze gutzumachen. Rein körperlich hätte ich es schaffen können, denn der Engländer war völlig erschöpft und der Rückstand im Ziel war denkbar eng. Im Zieleinlauf fehlte nach zehn Kilometern eine halbe Sekunde. Die mögliche Silbermedaille habe ich nicht physisch verloren. Ich habe sie im Kopf verloren. Daraus habe ich gelernt, das wird mir nie wieder passieren."

Wenn du in wichtigen Situationen unter Stress stehst, verengt dies in erheblichem Maße deine Wahrnehmung. Dies kann dazu führen, dass du entweder Situationen fehlinterpretierst und nicht zielorientiert agieren kannst. Oder der Stress hindert dich daran, dein Leistungspotenzial vollumfänglich abzurufen oder die richtige Strategie zu wählen. Du bleibst hinter deinen Möglichkeiten zurück, anstatt noch einmal den Leistungsturbo zu zünden.

Was kannst du nun konkret tun, um in erfolgskritischen Situationen mental stark zu bleiben und der Belastung standzuhalten? Wir empfehlen dir, vor belastenden Situationen Rituale durchzuführen, die immer gleich ablaufen und deine mentale Kraft und Konzentration stärken. Rituale nehmen dir die Nervosität und erzeugen innere Sicherheit und Ruhe. Sie ermöglichen dir, vor wichtigen Situationen störende Faktoren im Kopf auszuschalten und dich voll und ganz auf dein Ziel zu konzentrieren. Auch Rituale müssen trainiert werden, damit du sie vor entscheidenden Situationen entsprechend anwenden und die positive Wirkung nutzen kannst. Durch das Trainieren dieser Rituale packst du dir gewissermaßen einen mentalen „Erste-Hilfe-Koffer". Es handelt sich dabei um Selbstregulationstechniken zur Förderung deiner inneren Kraft und Ruhe. Erfolgreiche Menschen arbeiten ganz bewusst mit derartigen Techniken, um ihre mentale Stärke zu trainieren. Nachfolgende Checkliste bietet eine Übersicht, welche Rituale dir in der Vorbereitungsphase helfen können, um vor entscheidenden Situationen zur Ruhe zu kommen und dich auf deine Ziele konzentrieren zu können:

Karriere-Checkliste

- Präge dir in der Vorbereitungsphase die erfolgskritische Situation – beispielsweise einen Wettkampf oder eine wichtige Präsentation – möglichst plastisch ein: Führe dir vor dein geistiges Auge, wie du die Situation erfolgreich meisterst, dein Leistungsvermögen voll abrufen und deine Stärken einbringen wirst. Durch diese gedankliche Visualisierung prägst du ein sogenanntes „Engramm", das heißt ein Erinnerungsbild, in dein Gehirn ein. So werden Gehirnzellen miteinander verbunden, in denen deine Vorstellung von der erfolgreichen Bewältigung der Situation gespeichert wird. In der erfolgskritischen Situation kann deine im Gehirn eingeprägte Leistung dann konzentriert abgerufen werden.
- Wichtig ist, dass du diese Vorstellung in der Vorbereitung mehrmals durchlebst und möglichst alle deine Sinne daran beteiligst. Erlebe in deinem Kopf, wie du sicher und souverän dein Leistungspotenzial abrufen und dein Bestes geben wirst. Spiele gedanklich durch, wie du glänzen wirst. Je häufiger und sinnlicher du die Bilder in deinem Kopfkino ablaufen lässt, wie du wichtige Situationen erfolgreich meisterst, desto sicherer und stressresistenter verankerst du das Engramm in deinem Gehirn. Du programmierst dein Gehirn und damit dich selbst auf Erfolg. Du stärkst den Glauben an dein Leistungsvermögen. Dies senkt deine Nervosität und dein Lampenfieber, denn dein Gehirn hat abgespeichert, dass du die Situation erfolgreich bewältigen kannst.

- Führe dir in der Vorbereitungsphase immer wieder bewusst Situationen vor Augen, in denen du bereits Erfolge gefeiert hast. Deine bisherigen Erfolge kann dir keiner mehr nehmen. Mache dir bewusst, was du kannst, was du bereits in deiner Karriere geleistet hast. Erinnere dich selbst daran, wie du deine Fähigkeiten und Stärken eingesetzt und erfolgreich ausgespielt hast. Führe dir bewusst deine bisherigen großen und kleinen Momente des Erfolgs vor Augen. Erinnere dich selbst daran, wie du in der Vergangenheit schon Grenzen überwunden und Spitzenleistungen erzielt hast. Durch diese wiederholte Übung speicherst du „Erfahrungen des Gelingens" in deinem Gehirn ab.

- Denke in der Vorbereitungsphase bewusst an positives Feedback zu deinen Fähigkeiten und Stärken, das du wiederkehrend von Menschen aus deinem privaten und beruflichen Umfeld erhalten hast. Damit stärkst du dein Selbstvertrauen und machst dir deine Stärken nochmals explizit bewusst. Du führst dir damit nochmals bewusst vor Augen, worin du richtig gut bist.

- Trainiere in der Vorbereitungsphase deine Atmung und rufe dies in entscheidenden Situationen ab. Die Atmung ist wichtig für deine innere Ruhe. Alle Menschen verfügen über zwei unterschiedliche Atemrhythmen. Im Wachzustand liegt die Betonung auf dem Einatmen, beim Schlafen hingegen auf dem Ausatmen. Dabei kommt insbesondere die tiefe Atmung aus dem unteren Bauchbereich zum Tragen. Diesen Rhythmus sind wir alle gewöhnt, er ist uns in Fleisch und Blut übergegangen. Die Atmung der Schlafenden – sprich die Betonung auf das Ausatmen – wirkt stark beruhigend. Du kannst sie deshalb auch bewusst vor belastenden Situationen einsetzen, um dich zu entspannen.

- Darüber hinaus empfehlen wir dir, innere Selbstgespräche mit wiederkehrenden, bestärkenden Schlüsselwörtern zu führen, die dich auf deine Ziele einschwören. Insbesondere ehe du in entscheidende Situationen hineingehst, sage dir nochmal selbst, was du erreichen wirst und was deine Stärken sind. Diese inneren Selbstgespräche helfen dir, dich vor dem entscheidenden Moment nochmal auf dein Ziel und dein Leistungsvermögen zu fokussieren. Du führst dir vor Augen, was du kannst und was du willst. Diese Selbstgespräche stärken dich.

Eine Bemerkung zur Vorbereitung auf wichtige Termine möchten wir an dieser Stelle anführen: Über Erfolg und Misserfolg entscheidet bereits die Vorbereitungsphase. Deshalb ist eine zielorientierte und konzentrierte Vorbereitung auf wichtige Termine unerlässlich. Eine gute Vorbereitung verschafft dir innere Sicherheit und trägt damit maßgeblich zu deiner mentalen Power bei. Vorbereitung ist nicht nur die erforderliche Investition in dein fachliches Leistungsvermögen, das du bei wichtigen Terminen abrufst, sondern auch eine erforderliche Investition in deine mentale Stärke. Schlechte Vorbereitung hingegen führt nicht nur dazu, dass du womöglich hinter deinen Möglichkeiten zurückbleibst. Du gehst zudem auch mental geschwächt in wichtige Situationen hinein, weil du selbst weißt, dass du dich nicht optimal vorbereitet hast. Dies ist zusätzlicher Stress, der sich vermeiden lässt. Zielorientierte Vorbereitung hingegen verschafft dir Sicherheit. Kein Spitzenathlet mit realistischen Erfolgsabsichten würde schlecht vorbereitet zu Olympischen Spielen anreisen und sich vor dem Start trotzdem stark und unbesiegbar fühlen.

Auch Thomas Lurz schwört auf das Kraft gebende und mental stärkende Gefühl, sich optimal auf Wettkämpfe vorbereitet zu haben. Ohne die entsprechende Vorbereitung auf erfolgskritische Termine kann bei allem Selbstbewusstsein mentale Stärke nicht erzeugt werden.

KAPITEL 7

Gesunde Balance

Baue bewusst auf mehrere Säulen

„Auch wenn es eine große Zusatzbelastung zu meinem Profisport war und mich Zeit und Energie gekostet hat: Es stand für mich außer Frage, dass ich parallel ein Studium absolviere und erfolgreich abschließe. Ich muss auf mehrere Säulen bauen können, um für die Zeit nach meiner Profikarriere im Sport gewappnet zu sein. Dies verschafft mir einerseits eine höhere berufliche Sicherheit und erhöht andererseits meinen persönlichen Entscheidungsspielraum, in welchen Bereichen ich nach meiner sportlichen Karriere arbeiten möchte."

THOMAS LURZ

Jeder Mensch, der einen sicheren Stand hat, steht auf zwei Beinen. Nicht von ungefähr kommt der Ausdruck „mit beiden Beinen im Leben stehen". Er verdeutlicht, dass erst die Balance einen sicheren Stand im Leben gibt. Man kann für eine gewisse Zeit auf einem Bein stehen und sich darauf verlassen, dass es einen vorübergehend allein trägt. Allerdings ist für einen nachhaltig sicheren Stand im Leben immer eine ausgewogene Balance erforderlich. Eine solche ist für das Erzielen von Spitzenleistungen enorm wichtig und kann auf Basis zweier unterschiedlicher Grundlagen erreicht werden.

- Zum einen beinhaltet eine Balance immer eine Ausgewogenheit aus *Anspannungs- und Entspannungsphasen.* Beides gehört für das nachhaltige Erzielen von Spitzenleistungen zusammen und ist Voraussetzung dafür, sowohl die erforderliche Energie als auch die erforderliche Freude für dauerhafte Spitzenleistungen aufrechterhalten zu können.

- Zum anderen bezieht sich eine ausgewogene Balance immer auch darauf, im Leben bewusst mehrere *Säulen* aufzubauen und zu pflegen, die dich im Leben stützen. Mehrere Säulen ermöglichen ein ausgewogenes Leben und stellen sicher, dass selbst beim Wegfall einer Säule weiterhin ein sicherer Stand gewährleistet ist. Ein einseitiges Fokussieren auf nur eine Säule im Leben, beispielsweise die Arbeit, führt zu einem fragilen, unsicheren Stand, der langfristig ein „Umkippen" wahrscheinlich macht. Vor allem dann, wenn schwierige Lebenssituationen einen besonders sicheren Stand im Leben erfordern, um nicht umzufallen.

Bei beiden Grundlagen einer gesunden Balance, die für Spitzenleistungen erforderlich sind, geht es nicht um ein „Entweder oder", sondern stets um ein „Sowohl als auch". Du benötigst also *sowohl* Anspannung *als auch* Entspannung. Du benötigst *sowohl* eine Nische, in der du beruflich erfolgreich sein kannst, *als auch* andere Säulen im Leben wie etwa Familie, Freunde und Hobbys, die dich unterstützen und für einen Ausgleich sorgen, der dich trotz beruflicher Anspannung im Gleichgewicht hält. Beide Grundlagen möchten wir nachfolgend detaillierter vorstellen.

Wie schaffe ich Ausgleich vom beruflichen Stress und bewahre mir die Freude an dem, was ich tue?

Eines ist klar: Kein Mensch – auch nicht ein höchst erfolgreicher – kann dauerhaft Spitzenleistungen erbringen, ohne sich in regelmäßigen Abständen Zeit für einen Ausgleich zu nehmen. Dies ist erforderlich, um physische und psychische Kraftreserven wieder aufzufüllen und innerlich aufzutanken. Gerade sehr erfolgreiche Menschen neigen oftmals dazu, sich auf ihrem Weg zur Spitze zu übernehmen und sich nicht ausreichend Zeit für einen Ausgleich zu nehmen. Sie verhalten sich wie ein „Hamster im Rad", der ohne Pause weiterrennt und sich verausgabt. Dabei nehmen sie keine Rücksicht auf ihre innere Balance und ihren Energiehaushalt. Sie liefern zwar kurzfristig Leistungsergebnisse ab, schaden aber ihrer nachhaltigen Leistungsfähigkeit. Sie lassen sich von Gedanken wie den folgenden leiten.

Liste typischer Annahmen, die zur Störung der inneren Balance führen

- Sie glauben, dass sie dauerhaftem Stress und Druck, die mit dem Erzielen von Spitzenleistungen einhergehen, schon irgendwie gewachsen sind und damit klarkommen werden. Schließlich werde dies ja von leistungsbereiten, ehrgeizigen Menschen verlangt.
- Sie denken, dass gerade talentierte und ambitionierte Leistungsträger sich selbst und anderen zeigen müssen, dass sie dauerhaften Stress aushalten können.
- Sie denken, dass sie es sich angesichts ihrer anspruchsvollen Ziele nicht leisten können, sich eine Erholungspause zu gönnen.
- Oder sie glauben, dass sie während ihrer Auszeit von der Konkurrenz, die in der Zwischenzeit weiter an sich arbeitet, überholt werden könnten.

Dies sind alles nachvollziehbare, jedoch sehr kurzsichtig betrachtete Gedankengänge.

Die Schaffung eines Ausgleichs in regelmäßigen Abständen ist sehr wichtig, um die dauerhafte Leistungsfähigkeit und -bereitschaft sowie auch die Lust auf Leistung aufrechtzuerhalten.

Es geht um eine gesunde Balance aus Anspannung und Entspannung. Wird dies nicht beachtet, droht mittelfristig ein Leistungsabfall, langfristig drohen sogar Erschöpfungszustände bis hin zum Burn-out. Gerade ehrgeizige, erfolgshungrige und selbstdisziplinierte Menschen, die sich mit hohem persönlichen Engagement ihrer beruflichen Tätigkeit widmen und sich stark mit ihren Aufgaben identifizieren, sind besonders gefährdet, an einem Burn-out zu erkranken. Burn-out bezeichnet einen chronischen Erschöpfungszustand und das Gefühl, den Anforderungen und Belastungen des Lebens- und Arbeitsalltags nicht mehr gerecht werden zu können. Die chronisch überhöhte Belastung sowie der permanente Erregungszustand und der Stress verändern das Gehirn. Psychische Erkrankungen wie beispielsweise Depressionen werden vom Gehirn „erlernt". Mit einem Burn-out gehen Lebensfreude und folglich auch die Lust auf Leistung verloren. Mit diesem Zustand reduziert sich natürlich auch die eigene Leistungsfähigkeit. Betroffene fühlen sich ausgebrannt, schwach, lustlos und nicht mehr in der Lage, sich in den gewohnten Zeiträumen – beispielsweise am Feierabend oder am Wochenende – zu erholen. Sie fühlen sich vor allem nicht mehr in der Lage, Spitzenleistungen zu erzielen und anspruchsvollen Zielen hinterherzujagen.

Burn-out ist derzeit in aller Munde und hat sich zu einer regelrechten Volkskrankheit entwickelt. Diese betrifft besonders Spitzensportler sowie Spitzenkräfte aus der Wirtschaft, da sie einem extrem hohen Druck ausgesetzt sind. Aber auch viele Menschen mit beruflichen und familiären Mehrfachbelastungen und einem hohen Leistungsanspruch an sich selbst sind gefährdet. Junge und ältere Menschen sind betroffen, Burn-out zieht sich durch alle Altersstufen. Selbst bekannte Spitzensportler, die in ihren jeweiligen Sportarten eine hohe Belastbarkeit und Nervenstärke bewiesen haben, wie beispielsweise Oliver Kahn und Sven Hannawald, sprechen inzwischen offen darüber, dass sie während ihrer Karriere an Burn-out erkrankt waren. So bekannte Oliver Kahn: „Ich habe erlebt, wie krank Stress machen kann." Auch die Biathletin Magdalena Neuner bekannte in einem Interview, dass sie während ihrer Karriere bereits nah an einem Burn-out gewesen sei, die Warnsignale allerdings noch rechtzeitig erkannt und entsprechend gegengesteuert hatte.

Wir möchten erfolgsbegeisterte Menschen dafür sensibilisieren, dass zu viel Stress und zu viel Druck ohne wirksamen Ausgleich und Erholungspausen blockieren, ausbrennen und kraftlos machen können. Auch die größten Erfolge und die eindrucksvollste Karriere nützen nichts, wenn Körper und Seele so erschöpft sind, dass wir erst die Lust auf Leistung und dann die Lust auf Leben verlieren. Wir möchten dich daher explizit und nachdrücklich ermuntern, dir in regelmäßigen Abständen bewusst Zeit für einen Ausgleich zur Anspannung des beruflichen Alltags zu nehmen, um deine innere Ruhe und Kraft wiederzufinden und deine Lust auf Leistung aufrechtzuerhalten. Unser Körper und Geist können Höchstleistungen auf Dauer nur vollbringen, wenn es nach intensiven Anspannungs- auch immer wieder Ruhephasen gibt, in denen wir uns wieder erholen können. Dies hat massive Auswirkungen auf unsere Gesundheit. Denn chronische Überbeanspruchung führt dazu, dass unser Immunsystem geschwächt wird. Umgekehrt hingegen stärkt ein regelmäßiger Wechsel zwischen Anspannungs- und

Entspannungsphasen unser Immunsystem. Gefragt ist daher sowohl Achtsamkeit als auch Aufmerksamkeit für deine innere Balance und für deine Kraftreserven.

Es geht darum, ganz bewusst Ausgleich zu dem Stress und dem Druck des Arbeitsalltags zu schaffen, indem du in regelmäßigen Abständen die Anspannung abstreifst und bewusst entschleunigst. Dies kannst du auf verschiedenen Wegen erreichen. Dabei gilt: Unser Körper und unsere Psyche sind voneinander nicht unabhängig. Sie spielen sich vielmehr gegenseitig die Bälle zu. Deshalb kannst du sowohl an deinem Körper als auch an deiner Seele ansetzen, wenn du dich entspannen möchtest. Daher beziehen sich die nachfolgenden Entspannungsmethoden sowohl auf den Körper als auch auf die Psyche. Sie alle folgen der Devise: „Du musst ab und zu langsamer gehen, um danach wieder schneller werden zu können." Wir möchten dir die Techniken ans Herz legen, die in nachfolgender Checkliste zusammengefasst sind.

Karriere-Checkliste

- **Gezieltes Abschalten nach Feierabend**: Es ist wichtig, dass du nach getaner Arbeit versuchst, konsequent abzuschalten, um deine Kraftreserven wieder aufzufüllen.
- **Bewusst kurze „Zeitoasen" im stressigen Trainings- und Arbeitsalltag schaffen**: Wichtig für einen gesunden Wechsel aus Anspannung und Entspannung ist auch, dir bewusste, kurze Auszeiten vom Stress während des Trainings- oder Arbeitsalltags zu nehmen.
- **Jährlich wiederkehrende mehrwöchige Auszeiten nehmen**: Das Abschalten nach Feierabend und kurze „Zeitoasen" während des Arbeitsalltags sind wichtig, um für kurze Zeit abzuschalten sowie Druck und Belastungen für ein paar Stunden auszublenden. Nichtsdestotrotz ist jedes Jahr eine Auszeit von mindestens zwei zusammenhängenden Wochen empfehlenswert, um einmal für einen längeren Zeitraum abschalten und entspannen zu können.

Gezieltes Abschalten nach Feierabend

Wenn du Spitzenleistungen erzielen möchtest, musst du während deines Trainings- oder Arbeitsalltags dein Bestes geben und an deine persönlichen Leistungsgrenzen gehen. Dies fordert und beansprucht dich und strengt an. Oftmals kann es auch zu Situationen kommen, die dich ärgern und dich zusätzliche Energie kosten. Dies verursacht innerlichen Stress und setzt Stresshormone frei. Daher ist es wichtig, dass du nach getaner Arbeit versuchst, konsequent abzuschalten, um deine Kraftreserven wieder aufzufüllen. Du solltest dabei belastende Gedanken bewusst hinter dir lassen. Sonst kann keine geistige Erholung stattfinden, die aber erforderlich ist, um am nächsten Tag wieder frisch, erholt und mit Freude zurück an die Arbeit zu gehen und dein Bestes zu geben. Auch wenn es schwerfällt, solltest du dir nach Feierabend mentale Erholung konsequent gönnen und bewusst darauf achten, abzuschalten. Die Entspannung musst du dabei ganz bewusst herbeiführen. Entspannungstechniken unterschiedlicher Art wie beispielsweise autogenes Training helfen bei Erholungsprozessen wie auch bei der Beruhigung von Körper und Geist. Zusätzlich können dir auch wiederkehrende Rituale nach der Arbeit helfen, wie etwa sportliche Betätigung, ein heißes Bad, ein Saunagang, ein langer Spaziergang oder ablenkende Gespräche und Aktivitäten mit deiner Familie und Freunden.

Kurze „Zeitoasen" im stressigen Trainings- und Arbeitsalltag schaffen

Solche „Zeitoasen" erfrischen dich zwischendurch und spenden für kurze Zeit erholsamen Schatten, wenn es während der Arbeit mal wieder sehr „heiß und hitzig" zugeht. Diese kurzen Auszeiten helfen dir, für einen Moment Abstand zu gewinnen, dich gedanklich und auch körperlich zu entspannen und im wahrsten Sinne des Wortes „durchatmen" zu können. Kurze „Zeitoasen" können Spaziergänge an der frischen Luft in der Mittagspause oder Gespräche in der Kantine mit Kollegen sein, in denen es bewusst einmal nicht um die Arbeit geht. Auch ein paar Dehn- und Lockerungsübungen am Arbeitsplatz können die Anspannung lockern. Aber auch ein paar Minuten Powernapping in der Pause können hilfreich sein, also ein paar Minuten Schlaf, die du bewusst mit positiven, entspannenden und zuversichtlichen Gedanken verbindest. Auch beruhigende, schöne Bilder im Kopf können eine Entspannung hervorrufen und dich für anstehende Stresssituationen mental stärken.

Mehrwöchige Auszeiten nehmen

Eine solche Auszeit geht in der Regel mit erholenden und inspirierenden Aktivitäten, neuen Eindrücken sowie der Möglichkeit zum Ausschlafen einher. Spitzensportler sprechen von der „Saisonpause", Menschen in der Wirtschaft vom „Jahresurlaub" oder bei längeren Auszeiten von einem „Sabbatical". Ergänzt werden sollte diese mehrwöchige Erholungsphase um ein paar unterjährige Auszeiten wie beispielsweise verlängerte Wochenenden oder Kurzurlaube, um die Zeiträume zwischen den Auszeiten im Jahr nicht zu lang werden zu lassen und sich regelmäßig zu erholen. Damit nimmst du dem Stress die Möglichkeit, ein ungesundes Maß zu erreichen, das dich aus dem Gleichgewicht bringen würde. Diese längeren Entspannungsphasen sind wichtig, um deinen persönlichen „Akku" wieder aufzuladen und sowohl physisch als auch psychisch Energie zu tanken. Viele Menschen, bei denen eine mehrwöchige Erholungsphase bereits sehr lange her ist, merken, wie ihre Leistungsfähigkeit und ihre Lust auf Leistung graduell nachlassen und sich ihr Körper und Geist nach Erholung sehnen. Sie haben das Gefühl, „ausgepowert" und nicht mehr voll belastbar zu sein. Wenn du dieses Gefühl in dir spürst, ist es höchste Zeit, vorübergehend die Bremse zu ziehen.

Zieh die Bremse und gönn dir regelmäßig Auszeiten.

Es ist nicht nur der Genuss einer Auszeit, der hier im Vordergrund steht. Es ist vor allem auch eine Investition in deine nachhaltige Fähigkeit, Spitzenleistungen zu erzielen und dir die Lust auf Leistung zu bewahren. Was genau für dich persönlich die wirksamste Form der Erholung und des Ausgleichs ist, kannst nur du für dich selbst entscheiden. Dies ist bei jedem Menschen individuell verschieden und abhängig von persönlichen Interessen. Nicht alle Entspannungsmethoden wirken bei allen Menschen gleichermaßen. Am besten ist, wenn du mehrere Techniken beherrschst, die für dich wirksam sind. Diese kannst du dann situationsbezogen einsetzen. Letztendlich ist es aber nicht entscheidend, welche Entspannungsmethode du nutzt. Du solltest lediglich auf die folgenden Aspekte achten.

- Die Entspannungsmethoden sollten bei dir persönlich wirken und effektive Entspannung auslösen. Hierzu musst du ausprobieren, welche Entspannungstechniken für dich am wirksamsten sind.
- Es ist wichtig, die Entspannungsmethode regelmäßig einzusetzen. Du steigerst damit ihren Effektivitätsgrad, indem du regelmäßig übst, wie du dich am wirkungsvollsten entspannst.
- Du solltest die Entspannungstechnik bereits in Zeiten, in denen du nur wenig angespannt bist, nutzen. Damit sorgst du bereits präventiv für ausreichend Entspannung und beginnst nicht erst mit der Anwendung, wenn du bereits einen akut erhöhten Stresslevel erreicht hast.
- Wähle eine Entspannungsmethode, auf die du unmittelbar in einer akuten Stresssituation zugreifen und bei der du dich darauf verlassen kannst, dass sie schnell wirkt.

Wichtig hierbei ist, in regelmäßigen Abständen deine Antennen bewusst nach innen zu richten, auf deine Bedürfnisse zu hören sowie deine Kraftreserven regelmäßig und sehr ehrlich zu überprüfen. Es ist gerade auch für sehr leistungsbereite, ehrgeizige Menschen keine Schande, sich selbst einzugestehen, erschöpft zu sein und Erholung zu brauchen. Es ist vielmehr ein Zeichen von persönlicher Stärke, Reife und Weitsichtigkeit, dies rechtzeitig zu erkennen und sich Erholung und Ausgleich zu gönnen.

Auch auf die richtige innere Einstellung zum Umgang mit Stress und Druck kommt es an. Denn kein Mensch kann sich im Laufe seiner Karriere vor den äußeren und inneren Ansprüchen und Anforderungen, denen er tagtäglich ausgesetzt ist, vollumfänglich schützen. Viele Ansprüche und Anforderungen lassen sich nicht beeinflussen oder einfach ausblenden. Gerade dann nicht, wenn du dir anspruchsvolle Ziele gesetzt hast. Allerdings kannst du sehr wohl beeinflussen, wie du von deiner inneren Einstellung her mit dem Stress und dem Druck umgehst. Denn hier kannst du aktiv die innere Kontrolle übernehmen und bei Bedarf gegensteuern. Der Anspruch an dich selbst muss lauten: Wie schaffe ich es, trotz alltäglichem Stress stets auf meine innere Balance zu achten, indem ich ausreichend und regelmäßig Ausgleich schaffe und bewusst auf Anspannungsphasen entsprechende Entspannungsphasen folgen lasse? Es geht darum, präventiv vorzubeugen und es erst gar nicht zu einem ausgeprägten Erschöpfungszustand kommen zu lassen. Bei Bedarf kann dir auch ein Coach helfen, einen gesunden Umgang mit Stress und Druck durch entsprechende mentale Techniken zu erlernen und dich dafür zu sensibilisieren, wann du bewusst gegensteuern und dir Zeit für einen Ausgleich nehmen musst.

Auch Thomas Lurz achtet bewusst auf eine ausgewogene Balance zwischen Anspannung und Entspannung. Er nutzt die jährliche Saisonpause nach sportlichen Höhepunkten wie beispielsweise Olympischen Spielen oder Weltmeisterschaften, um für einige Wochen bewusst vom Schwimmsport abzuschalten. Er benötigt dies, um wieder Lust auf den Saisoneinstieg, das intensive Schwimmtraining und die Wettkämpfe der neuen Saison zu bekommen. Dazu gehört auch, dass für Thomas in der Saisonpause kein Zwang zum Training besteht. Dies schließt nicht aus, dass er dennoch locker trainiert. Aber nur, um in Form zu bleiben und nicht, um an die Grenzen seiner Leistungsfähigkeit zu gehen. In der Saisonpause widmet er sich dann gezielt Themen und Aufgaben, für die ihm während des Trainingsalltags nur wenig Zeit bleibt. Auch baut er bewusst Entspannungsphasen in seinen wöchentlichen Trainingsplan ein. Denn er weiß, dass der Muskel nach einer Belastung eine Ruhephase benötigt, um zu wachsen und damit kraftvoller zu werden. Aus diesem Grund nimmt sich Thomas sonntags bewusst trainingsfrei und fährt nicht ins Schwimmbad. Stattdessen geht er locker joggen, Fahrrad fahren oder trifft sich mit Freunden. Dies hilft ihm auch, gedanklich abzuschalten und den Kopf vom Schwimmsport frei zu bekommen. Eines der größten Hobbys von Thomas Lurz ist das Angeln. Dies ist kein Zufall. Beim Angeln kann er nicht nur die frische Luft, sondern auch die Ruhe in der freien Natur genießen. Dies ermöglicht ihm in besonders wirksamer Form, vom anstrengenden Trainingsalltag und vor allem auch vom Druck vor großen Wettkämpfen abzuschalten und ganz nah bei sich selbst zu sein. Letzteres ist die wirksamste Form, seinen persönlichen „Akku" wieder aufzuladen und sich fit für neue Spitzenleistungen zu machen.

Wir möchten allerdings darauf hinweisen, dass es neben negativem Stress auch positiven Stress gibt. Stress ist also nicht generell zu verteufeln. Denn es gibt Stress, der unsere Konzentration und Leistungsfähigkeit auf Hochtouren bringt. Dies ist eine andere Form von Stress als die, die krank macht. Denn sie ist situationsbezogen und nicht chronisch. Der situationsbezogene Stress führt zu einer Anspannung vor und während wichtiger Situationen, beispielsweise bei großen Wettkämpfen oder wichtigen beruflichen Terminen. Dieser situationsbezogene Stress und der damit einhergehende Adrenalinschub befähigen dich dazu, äußerst konzentriert und fokussiert an große Aufgaben heranzugehen und dein Leistungspotenzial abzurufen. Du entwickelst in deiner Wahrnehmung im positiven Sinne einen Tunnel, der dich auf deine Leistung fokussieren lässt und leistungshemmende Ablenkungen ausblendet. So ist auch Thomas Lurz vor wichtigen Rennen wie etwa bei Olympischen Spielen oder Weltmeisterschaften trotz seiner langjährigen Erfahrungen im Spitzensport immer noch angespannt. Es handelt sich dabei allerdings um eine produktive Form der Anspannung. Sie führt zur völligen Konzentration auf das wichtige Rennen, mental und körperlich. Athleten, die völlig entspannt an wichtige Rennen herangehen würden, liefen Gefahr, ihre Energie und Kraft nicht vollumfänglich auf den Wettkampf ausrichten zu können. Wer vor wichtigen Terminen folglich situationsbezogene Anspannung verspürt, sollte sich deswegen keine Sorgen machen. Sie hilft, konzentriert und fokussiert zu arbeiten und das eigene Leistungsvermögen abzurufen.

Auszeiten sind für das Auftanken deiner Kraftreserven sowie für den bewussten Stressabbau wichtig. Sie sind aber auch wichtig, um die nächsten Zieletappen auf deinem Weg zu deiner Zielvision weiter zu planen und deine Zielvision zu überprüfen. Es geht darum, dir die Zeit für eine Bestandsaufnahme deiner Karriere zu nehmen, bewusst innezuhalten und dich zu fragen, ob du noch in die richtige Richtung läufst, also einen Karriereweg beschreitest, der dich glücklich macht, dich erfüllt und nach wie vor zu dir passt. Denn es gibt Zielvisionen, die dich das ganze Leben begleiten werden. Es gibt aber auch welche, die sich erst im Laufe deiner Karriere herauskristallisieren, weil du neue Erkenntnisse über dich selbst gewonnen hast. Und es gibt Zielvisionen, die im Laufe der Zeit ihr Gesicht verändern und von dir in regelmäßigen Abständen neu definiert werden müssen. Gerade bei jüngeren Menschen ändern sich Wünsche und Motive und damit auch Visionen und daraus abgeleitete Ziele noch schneller als in späteren Entwicklungsphasen. Umso wichtiger ist es für junge Menschen, die Veränderungen möglichst frühzeitig zu erkennen und auf sie einzugehen. Daher nutze ganz gezielt deine Auszeiten und Ruhepausen, um dir die Fragen aus nachfolgender Checkliste zu stellen, die dir helfen, deine persönliche Zielvision zu überprüfen.

Karriere-Checkliste

- Bin ich richtig unterwegs?
- Verfolge ich noch die Zielvision, die mich glücklich macht?
- Muss ich meine Zielvision neu austarieren? Kann ich sie inzwischen noch konkreter definieren?
- Was sind realistische nächste Etappenziele auf dem Weg zu meiner Vision?
- Was muss ich womöglich verändern, um die Freude an dem, was ich tue, zu erhöhen?
- Wie kann ich noch stärker an meine individuellen Kompetenzen, Stärken, Interesse und Werte heranrücken?

Nutze deine bewussten Auszeiten, um in dich hineinzuhören, wie du dich fühlst und wonach dein Herz schreit. Um allerdings dein Herz schreien zu hören, brauchst du den Abstand vom lauten Lärm und Getöse deines Arbeitsalltags. Dann erst findest du die Ruhe, um mit dir selbst in einen inneren Dialog einzutreten darüber, welche nächsten Schritte für dich die richtigen sind, um deiner Zielvision und schließlich auch dir selbst näherzukommen.

Wir möchten zusammenfassend festhalten: Manchmal musst du bewusst von Spitzenleistungen für bestimmte Zeit Abstand nehmen, um danach wieder an sie heranzurücken. Die Ruhepausen sind wichtig, um bewusst innezuhalten und Kraft zu schöpfen und dir die Lust auf Leistung zu bewahren.

Aber auch für einen weiteren Aspekt möchten wir dich sensibilisieren: Nicht nur die physische und psychische Entspannung ist wichtig. Auch eine gesunde, ausgewogene Ernährung und ausreichend Schlaf spielen für die Erholung und eine innere Balance eine wesentliche Rolle. Ferner solltest du auch auf einen Ausgleich in Form mehrerer Säulen im Leben achten. Darauf möchten wir nachfolgend detaillierter eingehen.

Wie kann ich bewusst auf mehrere Säulen bauen, um gefestigt im Leben zu stehen?

Wir sind davon überzeugt, dass man nur dann nachhaltig zu Spitzenleistungen fähig ist, wenn man auf mehrere Säulen im Leben bauen kann, die einem Stabilität geben. Wir glauben hingegen nicht, dass eine ausgeprägte Unzufriedenheit in einem Lebensbereich durch eine hohe Zufriedenheit in einem anderen Lebensbereich vollständig ausgeglichen werden kann. Lebenserfolg ist weit mehr als nur beruflicher Erfolg. Ein ausgewogenes Leben benötigt folglich Zufriedenheit in mehr als nur einem Lebensbereich. Das beinhaltet, dass kein beruflicher Erfolg, keine Karriere – egal wie groß – ein unzureichendes Privatleben dauerhaft überkompensieren kann. Für erfolgreiche Menschen ist der Beruf wichtig und sie investieren nicht nur viel Energie, sondern in der Regel auch viel Zeit in ihren Beruf. Dies ist eine wichtige Voraussetzung, um Spitzenleistungen und erfolgreiche berufliche Karrieren zu realisieren und nachhaltig aufrechtzuerhalten. Allerdings dürfen auch die anderen Säulen im Leben wie Familie, Freunde, Hobbys und sportliche Aktivitäten nicht auf der Strecke bleiben und stark vernachlässigt werden. Denn spätestens dann, wenn es zu einem vorübergehenden Karriereknick oder zur Beendigung der Karriere kommt, macht sich ein ungesundes Ungleichgewicht im Leben bemerkbar, das nicht von heute auf morgen beseitigt werden kann. Daher muss auch einer gesunden Balance ausreichend Zeit und Energie sowie Aufmerksamkeit eingeräumt werden. Der Beruf ist ein wichtiger Lebensbereich, keine Frage. Aber er ist eben auch nur ein Lebensbereich, der allein noch kein ausgewogenes Leben und eine gesunde Balance gewährleistet. So haben Studien ergeben, dass bei Berufstätigen soziale Kontakte und regelmäßige körperliche Aktivität in Form von Sport das Risiko vermindern, seelisch zu erkranken und psychisch aus dem Gleichgewicht zu geraten.

Jeder, der beruflich nach Spitzenleistungen strebt, braucht als Ausgleich und Gegengewicht andere Lebensbereiche, die Halt geben. In diesem Kontext werden oft die Begriffe „Work-Life-Balance" oder „Life-Balance" erwähnt. Die Begriffe stehen für einen Zustand, in dem Arbeit und die verschiedenen Elemente eines erfüllten Privatlebens miteinander in Einklang gebracht werden. Es geht konkret darum, verschiedene Bereiche wie Beruf, Ausbildung, Familie, Freunde und Hobbys in eine gesunde Balance zu bringen. Zielsetzung dabei ist, dass sich die einzelnen Lebensbereiche dabei nicht gegenseitig behindern und damit in Konflikt treten. Vielmehr geht es darum, dass sich die einzelnen Lebensbereiche wirkungsvoll gegenseitig unterstützen und eine gesunde Lebensbalance ergeben. Weder der Beruf noch das Privatleben sollten einseitig so hoch bewertet und überakzentuiert werden, dass es daneben keinen Raum und keine Zeit mehr für weitere Lebensbereiche gibt. Es geht nicht um ein „Entweder oder", sondern um ein sich ergänzendes Nebeneinander aller Lebensbereiche. Damit ist nicht ausgeschlossen, dass das Hauptaugenmerk auf einem bestimmten Lebensbereich liegt. Denn es liegt in der Natur der Sache, dass Spitzensportler oder Spitzenleute aus der Wirtschaft einen erheblichen Teil ihrer Zeit mit ihrem Beruf verbringen. Die Idee des Konzepts der „Life-Balance" bezieht sich darauf, dass zusätzlich zum Beruf weitere Lebensbereiche gepflegt werden, die ein Gegengewicht schaffen und in Summe eine Balance erzeugen. Damit ist nicht gemeint, dass die verfügbaren zeitlichen Ressourcen zu gleichen Teilen auf alle Lebensbereiche verteilt werden müssen. Das Konzept meint vielmehr Folgendes: Je stärker ein bestimmter Lebensbereich – beispielsweise der Beruf – ausgeprägt ist, desto mehr Ruhe und Ausgleich muss durch die anderen Lebensbereiche – beispielsweise durch harmonische familiäre und freundschaftliche Beziehungen – geschaffen werden, um in Summe eine Balance im Leben zu erzeugen.

Je mehr Gewicht du deinem Beruf über deine kurz-, mittel- und langfristigen Ziele einräumst, desto stabiler muss dein Privatleben sein, um dein Leben insgesamt in Balance zu halten. Ansonsten kippt die „Lebenswaage".

Dies möchten wir dir mit nachfolgender Abbildung (S. 119) verdeutlichen. Wie jeder Einzelne ein ausgeglichenes Leben und eine „Lebensbalance" definiert, ist individuell verschieden und kann nur persönlich festgelegt werden. Dem einen gelingt der Ausgleich durch enge Familienbande oder durch gute Freundschaften. Der andere verschafft sich Ausgleich in Form von Hobbys oder sportlichen Aktivitäten, die ablenken, Stress abbauen und für Entspannung sorgen.

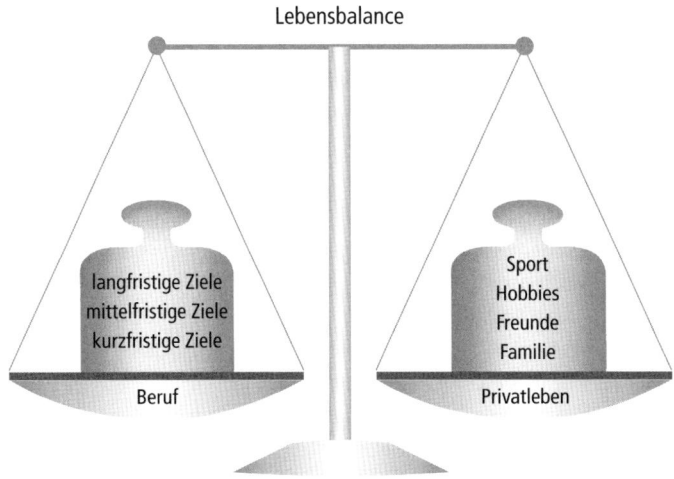

Abbildung 7: Schaffung einer ausgewogenen Lebensbalance – wie du auf einen gesunden Ausgleich zwischen Berufs- und Privatleben achten kannst

Thomas Lurz hat einen weiteren Weg gewählt, um Ausgleich zu seinem Beruf als Profisportler zu schaffen, indem er sich zusätzlich für ein begleitendes Studium entschieden hat. Damit hat er zum einen für die Zeit nach der Profisportkarriere vorgesorgt. Zum anderen hat ihm das Studium eine akademische Auseinandersetzung mit Themen ermöglicht, die nichts mit seinem Sport zu tun haben. Dadurch sind ihm neue Einsichten vermittelt sowie ein inhaltlicher und intellektueller Ausgleich zum Spitzensport geschaffen worden, die ein gutes Gegengewicht zu den körperlichen Anstrengungen darstellen.

Zusammenfassend möchten wir festhalten: Erfolg ist schön, aber er bringt auch die Gefahr mit sich, im Leben aus dem Gleichgewicht zu kommen. Denn wer erfolgreich sein will, muss kämpfen und Energie investieren, um an sein Ziel zu gelangen. Doch damit geht die latente Gefahr einher, den Lebensbereich „Beruf" überzubewerten und dabei andere Lebensbereiche möglicherweise zu stark zu vernachlässigen. Wer nur noch seine beruflichen Ziele vor Augen hat und darüber alles andere vergisst, gerät nicht nur aus der Balance. Er bricht auch irgendwann zusammen. Das kann paradoxerweise gerade dann passieren, wenn man am Höhepunkt seiner Karriere ist, weil dies am meisten Kraft erfordert. Gerade dann ist ein gesunder Ausgleich dringend erforderlich. Daher solltest du die anderen Lebensbereiche nicht vernachlässigen. Jage niemals blind nur deinen beruflichen Zielen hinterher, während du die anderen tragenden Säulen in deinem Leben vernachlässigst und ihnen zu wenig Aufmerksamkeit schenkst. Achte stets auf Ausgleich. Dies ist wichtig, um dir die Freude an dem, was du tust und die Lust auf Spitzenleistungen zu bewahren. Wer folglich auf einen Ausgleich auf allen Ebenen – von dem Wechselspiel aus An- und Entspannung bis hin zu Aufbau und Pflege mehrerer Säulen im Leben – achtet, hat eine hohe Chance, trotz seiner Anstrengungen für den Erfolg ein erfülltes Leben in Balance zu führen.

KAPITEL 8

Power-Networking

Entwickle deine persönliche Networking-Strategie und pflege dein Karriere-Netzwerk

„Auch wenn ich Einzelsportler bin: Richtig stark werde ich durch das eingespielte Team um mich herum, das mich fördert und mich mit Unterstützungsleistungen und relevanten Informationen versorgt. Dieses Team um mich herum ist damit wesentlicher Bestandteil und Katalysator meines sportlichen Erfolgs."

THOMAS LURZ

Die Idee des Networkings ist grundsätzlich nicht neu. Schon immer haben sich Gleichgesinnte in Verbindungen und Clubs zusammengeschlossen, um gemeinsame Ziele zu verfolgen und sich gegenseitig zu stärken. Auch heute noch geht es beim Networking darum, relevante Kontakte zu knüpfen und diese für sich zu nutzen. Je exklusiver ein bestimmtes Netzwerk ist, desto enger fühlen sich die Netzwerkmitglieder miteinander verbunden. Sowohl im Spitzensport als auch in der Wirtschaft haben sich unterschiedliche Netzwerke herausgebildet, deren Mitglieder sich gegenseitig unterstützen und austauschen. Es gibt Berufe und Positionen in der Wirtschaft, in denen gute Kontakte und persönliche Netzwerke mindestens ebenso wichtig sind wie die fachliche Qualifikation und damit einen wesentlichen Bestandteil des Anforderungsprofils darstellen.

Effektives Karriere-Management ist niemals ein „Alleinmanagement".

Erfolgreiche Menschen sind keine Einzelgänger, die sich allein ihren Weg zum Erfolg bahnen. Denn in der komplexen, vernetzten und schnelllebigen Welt, in der wir leben, wird es zunehmend schwerer, allein erfolgreich zu sein und anspruchsvolle Ziele zu erreichen. Die komplexen Anforderungen sind allein kaum noch zu bewältigen. Dies gilt insbesondere für die Anforderungen, die an Menschen gestellt werden, die Herausragendes leisten. Spitzensportler wie Thomas Lurz sind umgeben von einem engen Netzwerk aus Trainern, anderen Spitzenathleten, Ärzten, Physiotherapeuten und Sponsoren, die fachliche, mentale und nicht zuletzt auch finanzielle Unterstützung leisten und ihn bei seinen Erfolgen begleiten. Ohne ein solches Netzwerk, das aus Experten in ihren jeweiligen Fachgebieten besteht, ist es für Spitzenathleten kaum möglich, sich an der Weltspitze behaupten zu können – ungeachtet dessen, wie groß die eigenen Anstrengungen sind. Dazu sind schlicht und einfach die Anforderungen zu komplex und der Wettbewerb zu intensiv, um es gänzlich aus eigener Kraft an die Spitze zu schaffen und sich dort nachhaltig behaupten zu können.

Das erste persönliche Netzwerk, in das du hineinwächst, ist dein Elternhaus. In dieses Netzwerk wirst du hineingeboren. Es ist Glückssache, ob du hier ein leistungsförderndes, unterstützendes und inspirierendes Umfeld vorfindest. Dieses erste persönliche Netzwerk ist nicht unerheblich für deine weitere Entwicklung und Karriere. Denn es bestimmt schon von Kindesbeinen an, ob deine Talente frühzeitig erkannt und individuell gefördert werden. Eltern können nämlich wichtige Grundlagen für den späteren Erfolg ihrer Kinder schaffen, indem sie

■ die individuellen Talente, Stärken und Interessen ihrer Kinder bereits in jungen Jahren erkennen,

- zum Üben anregen und dabei die Freude und die Freiwilligkeit sicherstellen,
- unerschütterlich an ihre Kinder glauben
- und damit deren Selbstbewusstsein steigern.

Thomas Lurz ist durch seine Eltern und seinen älteren Bruder bereits in jungen Jahren zum Schwimmsport gekommen und darin gefördert worden. Davon profitiert er bis heute noch. Während sich niemand sein Elternhaus aussuchen kann, hast du als erwachsener Mensch die Wahl, dein berufliches Karriere-Netzwerk selbst auszuwählen, Schritt für Schritt aufzubauen und zu pflegen. Dieses übernimmt dann ähnliche karrierefördernde Aufgaben, wie sie idealerweise in der Kindheit durch das Elternhaus geleistet worden sind. Von dir selbst ausgewählte Netzwerke bergen den großen Vorteil in sich, dass du es nicht dem Zufall überlassen musst, wer zu dir passt und dich in deinen persönlichen und beruflichen Zielen bestmöglich unterstützen kann. Du wählst selbst aus, wer deine beruflichen Wegbegleiter sein sollen.

Erfolgreiche Menschen verstehen diesen Mechanismus sehr gut. Sie bauen sich daher systematisch soziale Karriere-Netzwerke auf, die sie auf ihrem Weg zum Erfolg begleiten, unterstützen, beraten, ihnen Türen öffnen, Prestige und sozialen Status verleihen und den Rücken stärken. Erfolgreiche Menschen nutzen gezielt ihre persönlichen Netzwerke, um von anderen zu lernen, sich mit ihnen auszutauschen, sich relevante Informationen zu beschaffen und über den eigenen Tellerrand zu blicken. Einzelgänger, die glauben, es käme ausschließlich auf die eigene Leistung und eigene Anstrengungen an, mögen dies nicht wahrhaben wollen: Die richtige soziale Vernetzung ist ein entscheidendes Kriterium für beruflichen Erfolg. Denn die Vernetzung mit anderen erhöht den eigenen Wirkungsgrad und Informationsstand und damit die persönlichen Chancen auf Erfolg. Die richtige Vernetzung macht dich stark. Dies gilt in guten Zeiten, aber auch in Krisen:

- In guten Zeiten macht dich dein persönliches Netzwerk noch stärker, indem es dich in deinen Leistungen bestärkt, noch größeres Selbstbewusstsein verleiht, Wege zu weiteren Leistungssteigerungen und neuen Erfolgschancen aufzeigt und mit dir deine Erfolge feiert. Es verleiht dir Anerkennung und Aufmerksamkeit. Dir wird damit noch mehr Rückenwind verliehen.
- In Krisen hingegen fängt dich dein persönliches Netzwerk auf, ermuntert dich, weiterzumachen und an deinen Zielen festzuhalten. Es analy-

siert mit dir Fehlerquellen und Wege, wie du aus Niederlagen für zukünftige Erfolge lernen kannst. Es trägt dazu bei, dein Selbstbewusstsein und deine Willensstärke nach Niederlagen wieder aufzubauen, die Lust auf Leistung zurückzugewinnen und dich wieder auf Erfolgskurs zu bringen.

Die Bedeutung des persönlichen Karriere-Netzwerks für deinen nachhaltigen Erfolg ist also nicht zu unterschätzen und kann nicht hoch genug bewertet werden. Sie lässt sich mit folgender Formel auf den Punkt bringen:

$$\text{Nachhaltiger Erfolg} = (\text{Leistung} \times \text{Potenzial})^{\text{Persönliches Netzwerk}}$$

Das richtige persönliche Netzwerk kann deine Leistung und dein Potenzial potenzieren und das Maximum aus dir herausholen. Folgendes Sprichwort verdeutlicht dies sehr gut: „Zeige mir deine Kontakte und ich sage dir, was du erreichen wirst." Was früher noch abwertend mit „Vitamin B" oder „Vetternwirtschaft" bezeichnet wurde, gilt heute als der anerkannte Schlüssel zum Erfolg. Nicht umsonst heißt es im Volksmund: „Beziehungen schaden nur dem, der keine hat." Mit anderen Worten heißt das: Einfach nur gut sein, reicht in unserer kompetitiven Leistungsgesellschaft nicht aus. Der Rückenwind aus dem persönlichen Netzwerk wird benötigt, um nachhaltig erfolgreich zu sein. Das richtige persönliche Karriere-Netzwerk kann dich in ungeahnte Höhen tragen. Wir sprechen hier bewusst nicht von virtuellen sozialen Netzwerken wie beispielsweise Facebook oder Xing, sondern von persönlichen Beziehungen, die auf gegenseitigem Vertrauen und gewachsenen Austauschbeziehungen beruhen.
Erfolgreiche Menschen wissen die Vorzüge von persönlichen Netzwerken zu schätzen und nehmen sich ausreichend Zeit, relevante Netzwerke aufzubauen und systematisch zu pflegen. Damit ist immer eine zeitliche Investition verbunden. Diese rentiert sich immer dann, wenn es sich um ein passendes und funktionierendes Karriere-Netzwerk handelt. Doch Netzwerk ist nicht gleich Netzwerk. Nicht jedes Netzwerk hilft dir in deiner Karriere weiter.

Wähle gezielt Karriere-Netzwerke aus, die zu dir als Person sowie zu deinen beruflichen Zielen und vor allem zu deiner Karriere-Vision passen.

Beide Dimensionen sind zu berücksichtigen, um erfolgreiches und gesundes Networking betreiben zu können. Wie das gelingen kann, möchten wir dir nachfolgend erläutern. Anschließend werden wir auch darauf eingehen, wie du dein Netzwerk systematisch pflegen und am effektivsten davon profitieren kannst.

Wie kann ich gezielt ein persönliches Netzwerk aufbauen, das zu meinen Zielen passt?

Es gibt sehr unterschiedliche Arten von Netzwerken: regionale und überregionale, geschlossene und offene sowie formelle und informelle. Manche Netzwerke stehen vielen Menschen offen, andere sind sehr exklusiv und suchen sich ihre Mitglieder handverlesen aus. Nicht jedes Netzwerk steht dir von Beginn an offen. Oftmals muss sich der Zugang zu einem exklusiven Karriere-Netzwerk erst durch herausragende Leistungen und Erfolge erarbeitet werden. Relevante Entscheidungsträger müssen überzeugt werden. Aber auch nicht jedes Netzwerk passt zu deinen beruflichen Plänen. In jene Karriere-Netzwerke solltest du auch nicht unnötig Zeit und Energie investieren. Vor allem dann nicht, wenn deine Zeit, die du für Networking realistischerweise aufbringen kannst, begrenzt ist.

Wie kannst du dir nun gezielt ein persönliches Netzwerk aufbauen, das zu dir passt und dich in deiner Karriere weiterbringt? Networking ist – wie viele andere karriererelevante Tätigkeiten auch – mit Arbeit verbunden. Es entsteht nicht von allein. Denn ein gutes Netzwerk muss

- ◼ in einem ersten Schritt zunächst einmal *aufgebaut* werden.
- ◼ In einem zweiten Schritt muss es systematisch *gepflegt* werden, um nachhaltig daraus Nutzen ziehen zu können.

Beides verlangt viel Kommunikation, Ausdauer, Aufmerksamkeit – und damit immer auch ausreichend Zeit. Umso wichtiger ist es, möglichst zielorientiert vorzugehen, indem du für dich eine geeignete Networking-Strategie entwickelst, die zu dir und deinen beruflichen Zielen passt und dich deiner persönlichen Karriere-Vision näherbringt. Unter einer Networking-Strategie sind zielorientierte Überlegungen zu verstehen, welche Kontakte für dich in deiner Karriere wirklich hilfreich sein könnten. Dabei ist zu beachten, dass eine gute Networking-Strategie sich niemals von heute auf morgen umsetzen lässt. Der Aufbau funktionierender Netzwerke und die Pflege von Beziehungen und gegenseitigem Vertrauen bedürfen Zeit. Gefragt sind also immer auch Geduld und ein langer Atem sowie ein zielorientiertes Vorgehen. Erfolgreiche Menschen haben nur begrenzt Zeit. Daher gehört zur Networking-Strategie auch immer eine Kosten-Nutzen-Betrachtung dazu, wobei unter Kosten maßgeblich zeitlicher Aufwand zu verstehen ist. Die sorgfältige Auswahl des Netzwerkes, in dem du dich engagierst, ist daher sehr wichtig, damit du möglichst effizient und effektiv mit deiner begrenzten Zeit und deiner Energie zur Netzwerkpflege umgehen kannst. Als pragmatische Vorgehensweise empfehlen wir dir, persönliche Kontakte danach zu klassifizieren, ob sie

■ zum einen Einfluss auf die Erreichung deiner persönlichen Ziele nehmen können
■ und zum anderen bereit sind, dich bei deiner Zielerreichung zu unterstützen, weil sie sich dir gegenüber verbunden fühlen.

Daraus ergeben sich vier grundsätzliche Handlungsstrategien, die dir bei der Entscheidung helfen können, wie du mit unterschiedlichen persönlichen Kontakten umgehen solltest, um effizientes und effektives Networking zu betreiben. Diese Handlungsstrategien haben wir für dich in der nachfolgenden Abbildung dargestellt:

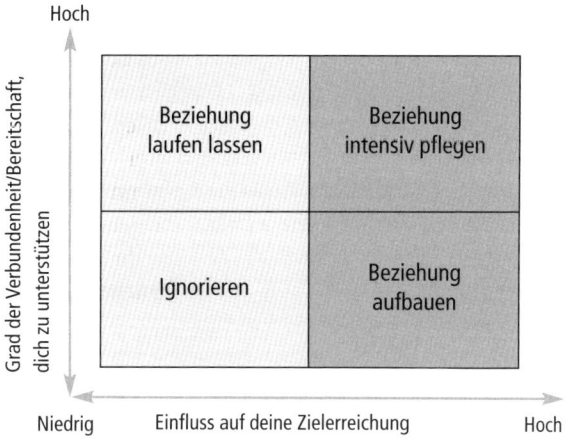

Abbildung 8: Handlungsstrategien für effizientes und effektives Networking – wie du deine beruflichen Kontakte differenziert managen kannst

Die Botschaft aus der Abbildung ist eine einfache: Gehe bei der Auswahl deiner beruflichen Kontakte nicht nach dem Gießkannenprinzip, sondern wie ein Scharfschütze vor. Nicht jeder Kontakt ist gleichermaßen wichtig für dich. Nicht in jeden solltest du daher deine Zeit investieren.

- Beruflichen Kontakten, die nur geringen Einfluss auf deine Zielerreichung nehmen können und darüber hinaus nur geringe Bereitschaft mitbringen, dich zu unterstützen, solltest du keine allzu große Bedeutung beimessen. Es lohnt sich nicht, in den Aufbau einer Netzwerkbeziehung zu investieren. Du kannst sie mit gutem Gewissen ignorieren.
- Beruflichen Kontakten hingegen, die maßgeblich Einfluss auf deine Zielerreichung nehmen können, solltest du schon mehr Aufmerksamkeit schenken. Wenn jene Kontakte bislang noch keine Bereitschaft haben, dich zu fördern, – beispielsweise, weil sie dich noch gar nicht kennen – dann investiere Zeit und Energie, eine Netzwerkbeziehung aufzubauen.
- Du wirst immer auch wieder berufliche Kontakte haben, die sich dir verbunden fühlen und dich unterstützen würden, jedoch kaum Einfluss auf deine Zielerreichung ausüben können. Diese beruflichen Kontakte sind angenehm, wenn auch wenig relevant für deine beruflichen Ambitionen. Erhalte diese Beziehungen aufrecht und lasse sie laufen, investiere aber nicht zu viel Zeit und Energie in sie.
- Am bedeutendsten sind diejenigen beruflichen Kontakte für dich, die sich dir eng verbunden fühlen und gleichzeitig maßgeblich auf deine Zielerreichung Einfluss nehmen können. Diese Beziehungen solltest du intensiv pflegen. Sie sind wertvolle Wegbegleiter in deiner Karriere.

Je erfolgreicher du wirst, desto mehr Menschen werden daran interessiert sein, mit dir in Kontakt zu treten. Spätestens ab diesem Zeitpunkt wird es für dich erforderlich, selektiv vorzugehen und hin und wieder auch höfliche Absagen zu erteilen. Fokussiere dich lieber auf diejenigen Kontakte, die dich effektiv weiterbringen. Dies erspart dir Zeit, die du in den Aufbau sowie die Pflege der für dich wirklich relevanten Beziehungen investieren kannst.

Darüber hinaus empfehlen wir dir, bei der Entwicklung deiner Networking-Strategie folgende weitere Aspekte zu beachten:

- *Festlegung der richtigen Auswahlkriterien*: Es gibt nicht *das eine* karrierefördernde Netzwerk, das zu allen Menschen und deren beruflichen

Zielen gleichermaßen passt. Die Auswahl von passenden Netzwerken solltest du daher immer auf Basis individueller Kriterien treffen, die du systematisch aus deinen beruflichen Zielen ableitest.

■ *Sicherstellung des gegenseitigen Nutzens*: Zum Aufbau einer Netzwerkbeziehung kommt es immer nur dann, wenn die Beteiligten den Eindruck haben, von der Beziehung persönlich profitieren zu können. Dies ist dann gewährleistet, wenn sie aus der Netzwerkbeziehung einen Beitrag zu ihrer eigenen Bedürfnisbefriedigung erhalten. Letztere kann individuell sehr unterschiedliche Formen annehmen. Die einen Menschen möchten beispielsweise durch ihr Netzwerk an relevante Informationen kommen. Den anderen geht es mehr um Prestige und soziale Anerkennung. Du musst für dich persönlich entscheiden, welche Bedürfnisse du an ein Netzwerk stellst, damit es sich lohnt, die erforderliche Zeit und Aufmerksamkeit zu investieren und vor allem auch die notwendigen Gegenleistungen innerhalb des Netzwerks zu erbringen.

Nachfolgend möchten wir dir für die Entwicklung deiner persönlichen Networking-Strategie Anregungen geben, auf welche Kriterien du beim Aufbau geeigneter Karriere-Netzwerke achten solltest. Diese Kriterien helfen dir, deine Kontakte zielgenau auszuwählen.

Karriere-Checkliste

■ **Soziale Passung:** Wähle nur Netzwerke aus, die zu dir als Person und deiner Lebenssituation – beruflich und privat – passen.

■ **Komplementäre Fähigkeiten:** Hilfreich ist, dein Netzwerk auch danach auszusuchen, ob dir dort Menschen mit komplementären Fähigkeiten begegnen, über die du selbst nicht verfügst, die du aber für deine Zielerreichung benötigst.

■ **Komplementäre Kontakte:** Du solltest dir deine persönlichen Netzwerke auch danach aussuchen, ob du über die Mitglieder des Netzwerks die Möglichkeit erhältst, noch weiter reichende Kontakte aufzubauen, über die du selber nicht verfügst, die dich aber in deiner Entwicklung und deiner Karriere weiterbringen können.

Soziale Passung

Du musst dich innerhalb deiner Netzwerke natürlich bewegen können, um dich wohlzufühlen und auf andere authentisch zu wirken. Du solltest dich dabei niemals verbiegen müssen. Denn dies wird dir weder Freude bereiten noch wirst du effektiven Nutzen aus Netzwerken ziehen, die sozial nicht zu dir passen. Achte vielmehr darauf, dich mit Menschen zu vernetzen, mit denen du bestimmte Gemeinsamkeiten hast. Darüber hinaus solltest du den Mitgliedern deines Netzwerks auf Augenhöhe begegnen können. Dies heißt nicht, dass du von Beginn an gleichermaßen erfahren oder hierarchisch gleichgestellt sein musst. Allerdings heißt es, dass du im Hinblick auf dein Potenzial von den anderen Netzwerkmitgliedern als gleichrangig angesehen, anerkannt, respektiert und ernst genommen wirst. Netzwerke sind ferner umso intensiver und unterstützender, wenn sich die Mitglieder mit dir als Person identifizieren können. Dafür sind Gemeinsamkeiten sowie Begegnung auf Augenhöhe die zentralen Voraussetzungen. Dies erzeugt ein starkes Zugehörigkeitsgefühl und soziale Nähe. Aus solchen Netzwerken kannst du den größten Nutzen ziehen.

Komplementäre Fähigkeiten

Die meisten von uns verbringen ihre Zeit nahezu ausschließlich mit „Ihresgleichen". Sportler verbringen ihre Zeit vorwiegend mit anderen Sportlern, Business-Leute verbringen ihre Zeit mit anderen Business-Leuten. Dies ist naheliegend und nachvollziehbar. Man versteht sich und interessiert sich für ähnliche Themen. Man bewegt sich parkettsicher, eloquent und damit auch selbstbewusst in der eigenen Welt. Allerdings kann es für deine Karriere und deine persönliche Entwicklung förderlich und bereichernd sein, wenn du ganz bewusst auch Kontakt zu Menschen pflegst, die über einen anderen Erfahrungshintergrund und andere Kompetenzen verfügen als du. Sie können dich wirkungsvoll ergänzen oder dir neuartige Ideen und Einblicke vermitteln. Sie können dich inspirieren, in deiner Karriere noch weitere Themen anzupacken, die dich zum Erfolg führen.

Achte bei der Auswahl deines Netzwerks auf eine gewisse „Diversität" und damit Vielfältigkeit der Erfahrungshintergründe der Netzwerkmitglieder.

Der Austausch mit Menschen aus einem ganz anderen Gebiet fördert deine Lernkurve und ermöglicht einen Blick über den eigenen Tellerrand. Denn ein Fisch, der im Wasser schwimmt, merkt nicht, dass er nass ist. Wenn du immer nur im Pool mit „Deinesgleichen" badest, wirst du nicht merken, dass die Welt noch weiterreichende Möglichkeiten anzubieten hat, die zu dir passen und dich weiterbringen. Dies ist der große Mehrwert, den ein vielfältiges Netzwerk bietet. Du erhältst Informationen, an die du ohne ein solches Netzwerk nicht herankommen würdest. Idealerweise passen deine Fähigkeiten und die deines Netzwerks synergetisch zusammen, sodass alle Beteiligten davon profitieren können.

Komplementäre Kontakte

Viele wichtige Kontakte lassen sich ausschließlich über persönliche Beziehungen und Empfehlungen aus deinem persönlichen Netzwerk vermitteln. Dadurch erhältst du Zugang zu Menschen, zu denen du ohne dein Netzwerk sehr wahrscheinlich keinen Kontakt aufbauen könntest. Je wertvoller und komplementärer deine eigenen Kontakte für die Mitglieder deines Netzwerks sind, desto höher ist die Wahrscheinlichkeit, dass beide Seiten davon profitieren und sich gegenseitig Türen und damit den Zugang zu neuen Möglichkeiten aufsperren.

Dies führt uns zu dem nächsten Aspekt: Worauf ist bei der Pflege von Netzwerkbeziehungen zu achten? Wie können deine aufgebauten Netzwerke am Leben erhalten werden, sodass du daraus nachhaltig den größten Nutzen ziehen kannst?

Wie kann ich mein persönliches Netzwerk pflegen und am effektivsten davon profitieren?

Das zentrale Erfolgsprinzip für funktionierende Netzwerke liegt darin, gegenseitigen Nutzen zu stiften. Denn niemand geht völlig uneigennützig Netzwerkbeziehungen ein und ist ausschließlich darauf fokussiert, andere Menschen zu unterstützen, ohne selbst davon profitieren zu wollen. Kaum jemand gibt dies explizit zu, weil es oft auch unbewusst erfolgt. Aber jeder Mensch führt stets eine persönliche Vorteils-Nachteils-Abwägung durch, ehe er sich entscheidet, zu anderen Menschen eine Netzwerkbeziehung einzugehen. Nur durch gegenseitige Interaktion und Unterstützung funktioniert ein Netzwerk nachhaltig und sichert für alle Beteiligten den gewünschten Nutzen. Es muss für alle eine Win-win-Situation geschaffen werden. Dies kann nur durch gegenseitiges Geben und Nehmen erreicht werden. Du musst hierfür – wie in jeder zwischenmenschlichen Beziehung – die Rolle des Leistungsnehmers und -gebers wechselseitig einnehmen. Dabei können Leistung und Gegenleistung zwischen den einzelnen Netzwerkmitgliedern zeitlich versetzt erfolgen. Es geht lediglich darum, dass über einen längeren Zeitraum hinweg ein gegenseitiger Nutzen für alle Beteiligten besteht. Dazu gehört auch, die Interessen und Bedürfnisse der anderen Netzwerkmitglieder aufmerksam zu identifizieren und zu überlegen, wie du andere dabei unterstützen kannst, ihre individuellen Ziele zu erreichen. Du gehst damit in Vorleistung und kannst damit rechnen, zu einem späteren Zeitpunkt selbst Unterstützung aus deinem Netzwerk zu erhalten. Wer hingegen bei den anderen Netzwerkmitgliedern gleich „mit der Tür ins Haus fällt" und auf schnelle und einseitige Vorteile abzielt, ohne entsprechende Gegenleistungen zu erbringen, wird vermutlich lange auf Unterstützung aus dem Netzwerk warten müssen. Von einem Beziehungskonto kannst du schließlich nur abheben, wenn du vorher auch eingezahlt hast. Die Mitglieder deines Karriere-Netzwerks haben in der Regel ein gutes Gedächtnis. Wer viele Leistungen von Netzwerkmitgliedern für sich in Anspruch nimmt, wird früher oder später auch in die Pflicht genommen werden. Denn eine Hand wäscht bekanntlich die andere.

Mit jedem funktionierenden persönlichen Netzwerk baust du „Sozialkapital" auf, das sehr wertvoll ist. Darunter ist die Gesamtheit der aktuellen und potenziellen Möglichkeiten zu verstehen, die mit deiner Zugehörigkeit zum Netzwerk verbunden sind. Diese Möglichkeiten sind vielfältiger Natur und hängen von der Qualität der Beziehung zu den Mitgliedern deines Netzwerks ab. Die Qualität einer Beziehung gibt an, wie gut sich die Mitglieder kennen und vertrauen und wie tief die gegenseitige Verbundenheit ist. Die höchste Beziehungsqualität hast du natürlich zu den Mitgliedern deiner Familie und deines Freundeskreises. Diese zählen im erweiterten Sinne auch zu deinem persönlichen Karriere-Netzwerk, weil sie dich in deiner beruflichen Entwicklung und bei der Erreichung deiner Ziele begleiten. Von diesem engsten Netzwerk ist zu erwarten, dass sie bereit sind, viel für dich zu leisten und dich nach Kräften zu unterstützen. Aber auch vorwiegend beruflich geprägte Beziehungen können von hoher Qualität sein und zu wesentlichen Vorteilen führen, die du für deine Karriere nutzen kannst. Diese möchten wir dir in nachfolgender Karriere-Checkliste näher vorstellen.

Karriere-Checkliste

- **Austausch bzw. Weitergabe von Wissen:** Über dein persönliches Netzwerk kannst du an Informationen gelangen, die für deine Arbeit und deine beruflichen Ziele relevant oder gar erfolgskritisch sind.
- **Herstellen wichtiger Kontakte:** Jeder kennt jeden über sieben Kontakte. So lautet zumindest die Theorie von sozialen Netzwerken. In der Tat kannst du davon ausgehen, dass die Mitglieder deines persönlichen Netzwerks sehr wahrscheinlich über Kontakte verfügen, die dir bei deinen Zielen weiterhelfen können.
- **Persönliche und sachbezogene Beratung:** Wenn du dein Karriere-Netzwerk zielorientiert ausgewählt hast, verfügen die einzelnen Mitglieder idealerweise über komplementäre Fähigkeiten und diverse Erfahrungshintergründe. Diese kannst du systematisch nutzen, um dich im Hinblick auf deine Ziele sowohl persönlich als auch sachbezogen beraten zu lassen.
- **Vermittlung von sozialem Status:** Netzwerke können auch sozialen Status und Prestige verleihen.
- **Stärkung des Selbstbewusstseins:** Karriere-Netzwerke tragen auch dazu bei, dein berufliches Selbstbewusstsein zu stärken. Denn die Mitglieder deines Netzwerks können dich in deinen persönlichen Zielen bestärken und darin bekräftigen, den eingeschlagenen Weg weiterzuverfolgen oder gar noch nach höheren Zielen zu streben.

Austausch bzw. Weitergabe von Wissen

Häufig werden vertrauliche Informationen ausschließlich mit Menschen aus dem persönlichen Netzwerk geteilt. Außenstehende kommen an solche oftmals entscheidenden Informationen gar nicht heran. In der Wirtschaft beispielsweise werden ranghohe Positionen oder auch wichtige Aufträge oft ausschließlich oder zumindest präferiert an den Kreis des persönlichen Karriere-Netzwerks vergeben. Im Vorfeld werden hierzu wichtige Informationen ausgetauscht, die „Netzwerk-Outsider" erst gar nicht erhalten. Darüber hinaus erhöht das Netzwerk deine Aktions- und Reaktionsmöglichkeiten, deine Wahlmöglichkeiten und schlussendlich auch deinen Einfluss, wenn du in den verschiedensten Situationen und bei verschiedensten Problemen auf Menschen deines Netzwerks zugehen kannst, die dir bei der Bewältigung dieser Aufgaben helfen werden.

Herstellen wichtiger Kontakte

Das richtige Netzwerk kann Türen aufsperren, die ansonsten verschlossen bleiben würden oder nur nach langer Zeit aus eigener Kraft geöffnet werden können. So ist es beispielsweise sehr hilfreich, wenn dir jemand aus deinem Karriere-Netzwerk einen Kontakt vermittelt, der dir als Experte zu bestimmten Fragen weiterhelfen und entscheidende Tipps geben kann. Allerdings gilt es zu beachten, dass Networking zwar hilft, einen Fuß in die Tür zu bekommen, allerdings keinen Freifahrschein darstellt, um die eigene Leistung zurückzufahren und sich auszuruhen. Es handelt sich lediglich um einen effektiven Weg, schneller und oftmals auch direkter an dein Ziel zu gelangen.

Persönliche und sachbezogene Beratung

Es ist aufschlussreich, wenn ein erfahrenes Mitglied aus deinem Netzwerk beschreibt, was rückblickend die entscheidenden Schritte im eigenen Werdegang waren, die ausschlaggebend für den Erfolg gewesen sind. Du kannst dich beraten lassen, was Erfolgsfaktoren, aber auch mögliche „Fallstricke" bei der Zielerreichung sein können. Du kannst mit konkreten persönlichen Fragen, die dich in deiner Karriere beschäftigen, auf die Mitglieder deines Netzwerks zugehen und dir unterschiedliche Meinungen einholen. Somit wird dir wertvolles Wissen zuteil, das du für deine eigene Karriere nutzen kannst. Auch erhöht das richtige Netzwerk deine persönliche Problemlösungskompetenz, weil du Kontakt zu Menschen hast, die dir wertvolle Tipps geben oder Lösungen anbieten können.

Vermittlung von sozialem Status

Mit der Mitgliedschaft in einem bestimmten Netzwerk sendest du direkte oder indirekte Signale über dein eigenes Leistungsvermögen, dein Potenzial sowie deinen fachlichen und sozialen Marktwert nach außen. Damit kann es dir erleichtert werden, zu bestimmten Kreisen oder Veranstaltungen Zugang zu erhalten, die für deine Ziele förderlich sind. Wenn im Spitzensport beispielsweise verkündet wird, dass ein Athlet zur Nationalmannschaft dazugehört oder zu den Favoriten bei den Olympischen Spielen zählt, werden damit klare Botschaften über das Leistungsvermögen des Athleten an die Außenwelt gesendet. Damit steigen auch die Chancen für den Athleten, interessante Sponsoren zu gewinnen und mit anderen herausragenden Sportlern in Kontakt zu treten. Wenn du in der Wirtschaft zu bestimmten Management- oder renommierten Alumnizirkeln dazugehörst, sendest du damit klare Signale aus, was du selbst für ein „Kaliber" bist. Je exklusiver der Kreis, desto höher ist die damit verbundene Reputation. Damit steigen auch dein soziales Ansehen und die Anerkennung aus deinem beruflichen Umfeld.

Stärkung des Selbstbewusstseins

Du kannst entweder direkt in deinem Selbstbewusstsein gestärkt werden, indem dir explizit Lob und Anerkennung für deine Leistungen und deinen Werdegang ausgesprochen werden. Du kannst aber auch indirekt an Selbstbewusstsein für deine Karriere gewinnen, indem du von Netzwerkmitgliedern durch deren eigene Werdegänge inspiriert wirst. Durch den Kontakt und vertrauensvolle Gespräche erhältst du Einblick, was für Karrieren möglich sind und welche weiteren Perspektiven und Möglichkeiten existieren, die auch für dich und deine Ziele interessant sein könnten.

Achte bei der Auswahl und Pflege deines Netzwerks stets stärker auf die Qualität der Beziehung als auf eine möglichst hohe Anzahl der Kontakte.

Ein kleines, dafür aber eng verwobenes Netzwerk kann sehr oft effektiver sein als ein weitläufiges großes Netzwerk, in dem die Mitglieder sich nur lose miteinander verbunden fühlen. Durch die Konzentration auf ausgewählte, aber enge und wertvolle Kontakte hast du auch eine höhere Chance, ausreichend Zeit in die Netzwerkpflege investieren zu können. So kannst du von deinen geschaffenen Kontakten am effektivsten profitieren und daraus den größtmöglichen Nutzen für deinen Werdegang ziehen.

KAPITEL 9

Impression Management

Mache dich selbst zur Marke

„Du musst wissen, wofür du stehst, was dich persönlich im Kern auszeichnet und was dich von anderen unterscheidet. Ich habe mir als Sportler im Laufe der Jahre eine Marke erarbeitet, die für den Namen Thomas Lurz steht. Die Schwimmwelt verbindet mit mir die Assoziationen „diszipliniert", „hart trainierend", „ausdauerstark" und „kämpferisch". Eine solche Marke prägt den Eindruck, den meine Konkurrenten von mir haben, wenn ich zu Wettkämpfen anreise. Sie erzeugt eine klare Erwartungshaltung und auch eine klare Vorstellung darüber, was für eine Leistung ich auf Wettkämpfen abliefern werde. Vor allem aber erzeugt sie Respekt, der mir von meinen Konkurrenten entgegengebracht wird, noch bevor das Rennen losgegangen ist. Damit arbeitet meine Marke für mich."

THOMAS LURZ

Es gibt immer wieder Menschen, die sich halb verwundert, vielleicht auch halb verbittert fragen, warum sie zwar konstant gute Leistungen erbringen und sogar noch mehr leisten könnten, dies jedoch von den relevanten Entscheidungsträgern nicht entsprechend wahrgenommen wird. Sie fallen trotz guter Leistungen nicht auf. Sie werden chronisch unterschätzt. Sie werden als Potenzialkandidaten nicht gesehen. Es kommt einfach nicht an, was eigentlich in ihnen steckt. Zwar werden oftmals die gegenwärtigen Leistungen durchaus gern gesehen, jedoch wird das Potenzial für weiterführende Aufgaben mit mehr Verantwortung verkannt. Mit anderen Worten: Diese Menschen verkaufen sich unter Wert und verbauen sich damit viele Möglichkeiten. Sie stellen ungewollt ihr eigenes Licht unter den Scheffel. Damit räumen sie sich ebenso unbewusst wie unnötig Steine in den Weg. Im Spitzensport fällt dieses Problem etwas geringer aus, da die Leistungen transparenter messbar sind als in der Wirtschaft. Wenn ein Schwimmer beispielsweise konstant sehr gute Zeiten im Training und auf Wettkämpfen erzielt und schließlich auf das Siegerpodest klettert, demonstriert er damit unmissverständlich seine Leistungsfähigkeit.

In der Wirtschaft hingegen ist die Leistungsmessung deutlich intransparenter, da in den wenigsten Fällen eindeutige Messgrößen zur vollständigen Bewertung von Leistung und Potenzial vorliegen. Auch durch den Trend zu noch mehr Arbeitsteilung und Teamarbeit gestaltet es sich zunehmend schwer, den tatsächlichen Wert- und Leistungsbeitrag jedes Einzelnen klar messen zu können. Umso mehr kommt es daher in der Wirtschaft darauf an, sich als Leistungsträger bemerkbar zu machen und positiv hervorzustechen. Hierzu gehört, sich zusätzlich zur Leistungserbringung auch mit der Positionierung und Vermarktung der eigenen Person und seiner Kompetenzen zu befassen, um entsprechend auf sich aufmerksam zu machen. Je intensiver dabei der Verdrängungswettbewerb ist – beispielsweise im Kampf um begrenzte Aufstiegspositionen im Unternehmen –, desto größer wird die Bedeutung der Selbstvermarktung. In vielen Unternehmen arbeiten Mitarbeiter, die im Verborgenen hervorragende Leistungen erbringen, aber zu geringe Sichtbarkeit bei Entscheidungsträgern haben. Sie werden daher nicht ausreichend gefördert und können folglich ihr Potenzial nicht entfalten. Bei vielen Menschen reift daher im Laufe ihres Werdegangs die Erkenntnis, dass sie sich – ob sie es gut finden oder nicht – auch im Bereich „Impression Management" verbessern und entsprechend Energie und Zeit hierfür investieren müssen. Doch was bedeutet Impression Management genau?

Beim Impression Management geht es um die gezielte Steuerung des Eindrucks, den man als Person auf andere Menschen macht.

Dies wird nicht dem Zufall überlassen, sondern durch zielorientierte Aktivitäten beeinflusst. Die dahinterliegende Zielsetzung ist, das persönliche Image in eine gewünschte Richtung zu lenken, die mit den beruflichen Zielen und Ambitionen übereinstimmt. In den letzten Jahren hat ein bemerkenswerter Trend im Bereich „Impression Management" stattgefunden. Während sich früher nahezu ausschließlich Politiker, Schauspieler, prominente Sportler und Spitzenleute aus der Wirtschaft mit gezielter Imagepflege auseinandergesetzt und entsprechende Maßnahmen ergriffen haben, befassen sich inzwischen auch schon Nachwuchskräfte mit der gezielten Steuerung ihrer Außenwirkung und Selbstvermarktung. Dies ist sinnvoll, um ein klares Profil zu erzeugen und für den weiteren Karriereweg von relevanten Entscheidungsträgern wahrgenommen zu werden. Wir empfehlen dir daher, dich möglichst frühzeitig in deiner Karriere mit den Grundlagen des Impression Managements auseinanderzusetzen. Denn die erfolgreiche Umsetzung und Wirkung des Impression Managements passiert nicht über Nacht. Ein klares Profil muss Schritt für Schritt aufgebaut und langfristig umgesetzt werden, ehe es Wirkung zeigt. Erfolgreiches Impression Management beinhaltet mehrere Aspekte, die wir dir in nachfolgender Karriere-Checkliste vorstellen möchten:

Karriere-Checkliste

- Du verstehst, dass nicht nur deine Leistung im Vordergrund steht, sondern auch deine persönliche Wirkung.
- Du inszenierst nicht nur deine Leistung. Du inszenierst immer auch dich selbst, bleibst dabei aber stets glaubwürdig und authentisch.
- Du setzt dich gezielt damit auseinander, wie du dich bestmöglich nach außen positionieren und präsentieren kannst.
- Du setzt dich damit auseinander, für was du als Person stehen möchtest und was die zentralen Charakteristika und Attribute sind, die man mit dir verbinden soll und von dir wiederholt und bewusst hervorgehoben werden.
- Es geht mit anderen Worten darum, die Wahrnehmung deiner Person gezielt zu steuern und ganz bewusst klar definierte Assoziationen hervorzurufen, die zu deinen persönlichen Zielen passen und dich bei der Zielerreichung unterstützen.

Impression Management ist wichtig für deine Karriere. Du solltest es nicht unterschätzen. Es ist nämlich ein Irrglaube, dass konstant gute Leistungen allein schon überzeugen werden. Steter Tropfen höhlt den Stein, ja. Aber dies ist nur eine Seite der Medaille. Die andere Seite ist mindestens ebenso wichtig. Sie beinhaltet, die Außenwelt durch gezielte Aktivitäten wissen zu lassen, wie gut du bist, wofür du stehst und was dich von anderen unterscheidet. Dies entspricht dem Prinzip „Tu Gutes und rede darüber". Indirekt gibst du damit Antwort auf die Frage, warum es sich für andere lohnt, gerade auf dich zu setzen, dich in deiner Karriere zu fördern und dir sowohl Bewährungs- als auch Entwicklungschancen zu geben. Je intensiver der Wettbewerb ist, desto mehr kommt es zusätzlich zur eigentlichen Leistung auch darauf an, wie du dich persönlich präsentierst und von der Konkurrenz nicht nur leistungsseitig, sondern auch imageseitig durch aktive Selbstvermarktung abhebst. In der gängigen Karriereliteratur taucht eine regelmäßig zitierte Studie der Firma IBM auf, der zufolge beruflicher Erfolg in der Wirtschaft maßgeblich von drei Faktoren abhängt, die unterschiedliche Wichtigkeit besitzen. Ob jemand den Aufstieg schafft,

- hängt demnach nur zu zehn Prozent von seiner *Leistung und der Qualität seiner Arbeit* ab,
- zu 30 Prozent von dem *Eindruck*, den er auf seine Vorgesetzten und Kollegen macht,
- und zu 60 Prozent von seiner *Bekanntheit* in der Branche.

Laut der Studie hat also das Image maßgeblich Einfluss darauf, ob jemand zu den Gewinnern oder Verlierern in der Berufswelt zählt, während die eigentliche Leistung in den Hintergrund rückt. Auch wenn wir die Aussagekraft einer einzelnen empirischen Studie nicht überbewerten möchten, so ist die Botschaft dahinter doch einen Blick wert: Ob jemand in der Wirtschaft den Aufstieg schafft, hängt demnach zu 90 Prozent von dem Eindruck sowie der Bekanntheit und lediglich zu zehn Prozent von der tatsächlichen Leistung ab. Dies mag erschreckend klingen, unterstreicht aber einmal mehr die hohe Bedeutung des Impression Managements – insbesondere in der Wirtschaft.

Natürlich müssen erfolgreiche Menschen in ihrer Karriere herausragende Leistungsergebnisse abliefern. Daran führt kein Weg vorbei. Sie achten aber gleichzeitig auch ganz bewusst darauf, wie sie auf andere Menschen wirken. Sie wissen, dass Leistung und Wahrnehmung zusammenspielen müssen, um erfolgreich zu sein. Sie haben gelernt, auf dem Weg zu ihren Zielen wirkungsvolles Selbstmarketing zu betreiben und nicht nur ihre Leistung, sondern auch die eigene Person in Szene zu setzen.

- *Situationsbezogen* geht es darum, immer dann, wenn es besonders darauf ankommt, die eigene Leistung wirkungsvoll durch das eigene Auftreten zu unterstreichen. In keinem Fall sollte es passieren, dass ein unsicherer oder zu schüchterner Auftritt von einer ansonsten hervorragenden Leistung ablenkt oder mögliche Widersacher ermutigt, besonders großen Gegenwind zu erzeugen. Erfolgreiche Menschen überzeugen immer auch als Gesamtpaket.
- *Karrierebezogen* ist es erforderlich, dir im Laufe deiner Karriere systematisch eine persönliche Marke zu erarbeiten. Diese sagt aus, wofür du stehst und was dich im Idealfall einzigartig macht. Sie nimmt Einfluss darauf, wie du von der relevanten Außenwelt wahrgenommen wirst. Der Aufbau einer Marke erfordert Zeit. Deine Aktivitäten müssen stimmig auf deine persönliche Marke ausgerichtet sein und im Zeitablauf konsistent dazu beitragen, dass deine Marke Schritt für Schritt gestärkt und von dir glaubwürdig vorgelebt wird. Dies kostet neben Zeit vor allem auch Energie. Gefragt sind Selbstdisziplin und ein überlegtes Vorgehen. Gelingt es dir allerdings, eine starke persönliche Marke zu etablieren, arbeitet diese Marke für dich und verleiht dir wertvollen Rückenwind.

Wie du an diesen beiden Facetten effektiv arbeiten kannst, möchten wir dir nachfolgend vorstellen.

Wie kann ich gerade in wichtigen Situationen einen herausragenden persönlichen Eindruck machen, der meine Leistungsfähigkeit unterstreicht?

Deine Außenwirkung hat großen Einfluss auf die Wahrnehmung deiner Leistung. Die Wahrnehmung deiner Leistung und die Wahrnehmung deiner Person sind nicht unabhängig voneinander. Noch ehe du die eigentliche Leistung erbringst, erntest du von der Außenwelt entweder bereits Plus- oder Minuspunkte, die nur durch deinen persönlichen Auftritt vergeben werden. Hierzu möchten wir zwei Beispiele aus dem Spitzensport und der Wirtschaft anführen:

- Bei Schwimmwettkämpfen findet das Leistungsmessen bereits vor dem eigentlichen Rennen statt. Die anderen Athleten machen sich ein Bild von Thomas Lurz und der von ihm zu erwartenden Leistung, um daraus ableiten zu können, wie stark er am Wettkampftag einzuschätzen ist. Auch Thomas achtet vor dem Start auf die verbalen und nonverbalen Signale seiner Konkurrenten. Die Schwimmer beobachten sich aufmerksam auf der Startbrücke und fahren ihre Antennen aus, wie selbstbewusst die Konkurrenz an den Start geht. Zeigt sie womöglich Unsicherheiten? Ist sie übermäßig nervös und angespannt? Lässt sie sich ablenken und verunsichern? Wie ist es um die aktuelle Form und das sportliche Selbstbewusstsein der Konkurrenten bestellt? Sehen sie aktuell fit und gut vorbereitet aus? Daraus wird abgeleitet, wie „angreifbar", „belastbar", „leidensfähig" und damit „besiegbar" die Konkurrenz ist. Daraus werden wiederum taktische Schlüsse für den Umgang miteinander und die Strategie im Rennen abgeleitet, die bisweilen wettbewerbsentscheidend sein können. Das eigentliche „Leistungsmessen" beginnt also schon vor dem Sprung ins Wasser.
- Der gleiche Mechanismus existiert auch in der Wirtschaft. Betritt beispielsweise ein junger Mitarbeiter einen Raum, um vor Führungskräften seine Arbeitsergebnisse zu präsentieren, wird bereits vor dem ersten ausgesprochenen Wort darauf geachtet, *wie* er den Raum betritt. Ist der junge Mitarbeiter selbstsicher und gelassen oder wirkt er unsicher, fahrig und nervös? Nimmt sich der junge Mitarbeiter ausreichend Zeit, seine Position im Raum einzunehmen oder schreitet er übereilt ans Rednerpult? Strahlen Körpersprache und Körperhaltung ein gesundes Selbstbewusstsein oder eher Schüchternheit oder gar Unterwürfigkeit und übermäßige Scheu aus? Aus dieser Wahrnehmung wird abgeleitet, welche Ergebnisse und Verhaltensweisen von dem jungen Mitarbeiter zu erwarten sind und ob man ihn überhaupt ernst nehmen kann. Dies ermuntert entweder, ihm aufmerksam zuzuhören und „Vorschuss-Lorbeeren" für seine Leistung zu erteilen, oder sich von Beginn an darauf einzustellen, die abgelieferte Leistung gering zu schätzen und verstärkt auf mögliche Schwachpunkte zu achten. Noch bevor also das erste Wort gefallen ist, hat der junge Mitarbeiter entweder gute Bedingungen für seinen anschließenden Vortrag geschaffen oder schon halb verloren.

Die geschilderten Mechanismen mögen einem ungerecht und oberflächlich erscheinen. Dies sind sie auch, keine Frage. Aber so funktionieren die uns angeborenen Wahrnehmungsmechanismen nun mal. Aus dieser Haut können wir nicht heraus. Es liegt in der Natur des Menschen, sich sehr schnell ein bestimmtes Bild von jemandem zu machen, dem sie neu begegnen. Das Unbekannte wird etikettiert, bewertet und dann einer vertrauten „Schublade" zugeordnet. Dies dient dazu, den unbekannten Menschen psychologisch greifbarer zu machen und daraus Ableitungen für die eigene Reaktion im Umgang mit dem fremden Menschen treffen zu können. Dieser Mechanismus war in der Evolution des Menschen überlebenswichtig. Es ging darum, sekundenschnell bewerten zu können, ob es sich beim Gegenüber um Freund oder Feind handelte, ob das Gegenüber als gefährlich oder ungefährlich und unterlegen einzustufen war. Es musste blitzschnell entschieden werden, ob Flucht oder Angriff die richtige Strategie ist. Das sekundenschnelle Einordnen des Gegenübers hat bis heute überlebt. Unsere Gehirne sind darauf eingestellt. Aus diesem Grund ist Impression Management so enorm wichtig. Es dauert nur zwischen 150 Millisekunden und 90 Sekunden, bis Menschen sich ein erstes Urteil über dich gebildet haben. Nicht umsonst gibt es das weit verbreitete Sprichwort: „You never get a second chance to make a first impression."

Der erste Eindruck, den andere Menschen von dir haben, prägt deren weitere Wahrnehmung deiner Person und deiner Leistung. Er beeinflusst, wie dein Umfeld mit dir umgehen wird. Wird es dir in wichtigen Situationen den verdienten Respekt zollen oder dir das Leben schwer machen? Dir muss es daher gelingen, bei wichtigen Situationen von Beginn an – und zwar von der allerersten Sekunde an – zu überzeugen. Dies fängt immer schon vor der eigentlichen Leistungserbringung an. Genau genommen ist es bereits Bestandteil der Leistungserbringung selbst, schon im ersten Moment selbstsicher aufzutreten und als Gesamtpaket zu überzeugen. Den überzeugenden Auftritt von der ersten Sekunde an musst du daher in der Vorbereitungsphase genauso trainieren wie die eigentliche Leistung. Überlasse es nicht dem Zufall, wie du auf dein Umfeld wirkst. Konzentriere dich nicht nur auf deine Leistung, achte stets auch auf ein selbstbewusstes Auftreten. Denn ein solches signalisiert Stärke. Es wirkt wie eine Rüstung, die dich stark macht und andere spüren lässt, dass du nicht leicht verwundbar bist und Angriffe deiner Widersacher wohlüberlegt sein müssen, um gegen dich bestehen zu können. Beachte dabei, dass du niemals *nicht* wirken kannst. Du sendest immer Signale aus, die Einfluss darauf haben, wie du in der Wahrnehmung anderer wirkst. Es lohnt sich, darauf zu achten. Denn ein selbstbewusster Auftritt bringt dir – insbesondere in wichtigen Situationen – zweierlei Vorteile.

- Zum einen trägt er dazu bei, dass dir dein Umfeld schon vor der eigentlichen Leistung *Respekt* entgegenbringt und eine hohe Leistungserwartung von dir hat. Das Risiko von unverhältnismäßigen „Angriffen" und „Gegenwind" wird damit reduziert. Dein Umfeld begreift, dass ihm eine ernst zu nehmende und keinesfalls zu unterschätzende Person gegenübersteht, die stark und selbstsicher in den wichtigen Termin hineingeht.

- Zum anderen wird durch einen selbstbewussten Auftritt die erbrachte Leistung noch *positiver wahrgenommen*, da du mit deinem Gesamtauftritt und nicht nur mit einer einzelnen Leistungsdimension überzeugst. Du wirst damit durch eine positiv eingefärbte Brille betrachtet. Du rundest mit einem selbstbewussten Auftreten deine Leistung ab und unterstreichst dein Leistungsvermögen in Summe. Du wirkst als überzeugendes „Gesamtpaket".

Wie du gezielt auf Basis mehrerer Stellhebel an einem selbstsicheren und selbstbewussten Auftritt arbeiten kannst, möchten wir dir in nachfolgender Karriere-Checkliste vorstellen:

Karriere-Checkliste

- **Positive Ausstrahlung:** Eine positive Ausstrahlung trägt wesentlich zu einem selbstsicheren Auftreten bei.
- **Innere Ausgeglichenheit und Ruhe:** Wenn du eine Ausgeglichenheit und Ruhe ausstrahlst, untermauert dies ein selbstsicheres Auftreten. Hingegen sind sichtbare Unausgeglichenheit und Unruhe meist ein Zeichen von Schwäche, das von den sensiblen Antennen deines Umfelds blitzschnell wahrgenommen wird und der Einschätzung deiner Leistungsfähigkeit schaden kann.
- **Selbstbewusste Körpersprache:** Es gibt das Sprichwort: „Können Körper und Blick nicht überzeugen, überredet auch die Lippe nicht." Wer schon durch seine aufrechte Körperhaltung und sein Auftreten Souveränität ausstrahlt, wird als weniger angreifbar wahrgenommen. Dagegen strahlen eine geringe Körperspannung, hängende Schultern, ein gebeugter Gang oder zitternde Hände Unsicherheit und Verwundbarkeit aus.
- **Selbstbewusste Erfolgssymbolik:** Auch eine überlegt eingesetzte selbstbewusste Erfolgssymbolik unterstreicht einen selbstsicheren Auftritt, Persönlichkeit und innere Stärke.

- **Ausstrahlung von Stärke:** Gerade in entscheidenden Situationen ist es wichtig, von Beginn an Stärke auszustrahlen. Dies spiegelt sich in mehreren Facetten wider. So zählt eine kraftvolle, klare und angemessen laute Stimme zu einer starken Ausstrahlung. Wer hingegen mit leiser, zitternder oder eintöniger Stimme spricht, strahlt keine Stärke aus.
- **Selbstbewusster Stil:** Der erste Eindruck von dir wird von Äußerlichkeiten wie einem gepflegtem Erscheinungsbild und deinem Kleidungsstil geprägt. Dies ist das erste, was andere von dir wahrnehmen, wenn sie dich sehen. Unbewusst und blitzschnell bildet sich dein Umfeld eine Meinung über dich. Du solltest dir daher möglichst schon zu Beginn deiner Karriere bewusst machen, wie dein Stil und dein Auftreten auf andere wirken. Beides muss zu der Nische passen, in der du dich parkettsicher bewegen möchtest.

Positive Ausstrahlung

Wer schon durch eine positive Ausstrahlung Zuversicht, Selbstvertrauen und Siegeswillen demonstriert, kommt leichter zum Ziel als jemand, der mit hängenden Mundwinkeln und versteinerter, angespannter Miene in eine wichtige Situation hineingeht. Auch ein nervöser oder regungsloser Gesichtsausdruck strahlt keine Sicherheit und Wohlbehagen aus. Ein authentisches, souveränes Lächeln hingegen kann Herzen gewinnen. Es strahlt darüber hinaus auch Selbstbewusstsein aus und zeigt, dass du dich in deiner Haut wohlfühlst, dich auf diese wichtige Situation freust und gelassen in sie hineingehst. Im Idealfall kehrst du einfach deine innere Kraft und Zuversicht nach außen. Dies setzt voraus, dass du innerlich stark und positiv eingestellt bist. Ohne eine positive Grundeinstellung kann es auch keine positive Ausstrahlung geben. Hierbei können dir die mentalen Techniken helfen, die wir in dem Kapitel „Mentale Power" vorgestellt haben.

Innere Ausgeglichenheit und Ruhe

Wer unausgeglichen, übermäßig angespannt und unruhig in wichtige Termine hineingeht, lässt sich auch schneller durch mögliche Angriffe oder unvorhersehbare Aktivitäten möglicher Widersacher aus dem Konzept bringen oder gar provozieren. Durch die Methoden, die wir dir im Kapitel „Gesunde Balance" erläutert haben, kannst du effektiv an deiner inneren Ausgeglichenheit und Ruhe arbeiten.

Selbstbewusste Körpersprache

Achte in wichtigen Situationen auf deine Körpersprache und gewöhne dir die selbstbewusste Körpersprache eines Siegers an. Zentrales Element hierbei ist ein aufrechter Gang und eine gesunde Körperspannung. Du musst erhobenen Hauptes und dynamisch, aber ohne sichtbare Eile in wichtige Termine hineingehen. Gehe selbst dann aufrecht, wenn du dich niedergeschlagen fühlst. Wer auch unter Druck in wichtigen Situationen noch eine selbstbewusste Haltung ausstrahlt, nimmt seinen Gegnern den Wind aus den Segeln, demonstriert Kraft und erhöht dadurch seine Chancen, ans Ziel zu gelangen.

Selbstbewusste Erfolgssymbolik

Menschen können miteinander mithilfe von unterschiedlichen Symbolen – beispielsweise Gesten, Zeichen und Bilder – kommunizieren. Wir verstehen bestimmte Symbole und Gefühlsausdrücke grenzüberschreitend in allen Kulturen gleich. Wer etwa nach einem errungenen Sieg oder Erfolg jubelnd den Arm hochreißt, wird in China, Europa, Australien oder Nord- und Südamerika gleichermaßen verstanden. Dabei ist allerdings zu beachten:

Setze Erfolgssymbolik stets situationsangemessen und dosiert ein, damit sie positiv wirkt.

Einem Sportler, der auf dem Siegertreppchen seinen Pokal erst küsst und dann mit beiden Armen nach oben streckt, wird jedermann ein gesundes Selbstbewusstsein zuschreiben. Auch eine Mitarbeiterin, die nach einer überzeugenden Leistung im Unternehmen ein strahlendes Lächeln zeigt, wirkt selbstbewusst. Ein überzogenes Verhalten hingegen kommt nicht gut an. Daher ist es stets wichtig, die Erfolgssymbolik situationsadäquat einzusetzen, um eine selbstbewusste Wirkung nach außen erzielen zu können. Ist Letzteres gewährleistet, rundet die Erfolgssymbolik einen erfolgreichen Auftritt in selbstbewusster Form ab und unterstreicht deine Persönlichkeit.

Ausstrahlung von Stärke

Erfolgreiche Menschen arbeiten bewusst mit souveränen Blicken, um ihr Umfeld wissen zu lassen, wer sie sind und welche Leistung von ihnen zu erwarten ist. Bei Menschen, die über besonders viel natürliche Autorität verfügen, reicht bisweilen auch eine selbstbewusste Geste aus, um ihr Umfeld von ihrer inneren Kraft und Entschiedenheit zu überzeugen, sich von nichts in der Welt von ihrem Weg abbringen zu lassen. Wenn du folglich als unbeugsam und stark wahr-genommen wirst, wird dein Umfeld allein deshalb schon so viel Respekt vor dir haben, dass es mögliche Angriffe oder Attacken gar nicht erst in Erwägung zieht. Das ist wahre Demonstration von Stärke, die keiner Worte bedarf. Spitzensportler machen gern von diesem Mechanismus Gebrauch. Thomas Lurz lässt bei Wettkämpfen – beispielsweise bei Weltcups – hin und wieder seinen Bart stehen. Dies geschieht nicht aus Faulheit, sondern um eine bestimmte Signalwirkung bei der Konkurrenz zu erzeugen. Denn für Spitzenschwimmer ist es auf wichtigen Wettkämpfen untypisch, unrasiert an den Start zu gehen. Thomas setzt dies bewusst ein, um seine Stärke und zu erwartende Überlegenheit sichtbar nach außen zu demonstrieren. Es ist eine unmissverständliche und sichtbare Botschaft an seine Konkurrenz, dass er sich zutraut, auch bärtig und damit unter „suboptimalen" Bedingungen an den Start zu gehen und den Wettkampf dennoch zu dominieren. Dies ist Teil des gezielten Impression Managements vor dem Start.

Selbstbewusster Stil

Dein Kleidungsstil muss zu deinen beruflichen Ambitionen passen. Auch wenn es erneut oberflächlich erscheinen mag: Kleider machen Leute. Du wirst oftmals so von anderen behandelt, wie du angezogen bist. Wir sprechen dir daher die Empfehlung aus, dich so zu kleiden, wie es für erfolgreiche Menschen in deiner Nische üblich ist. Dies schließt nicht aus, dass du dir gleichzeitig einen individuellen Stil bewahrst, der zu dir passt und dir persönlich gefällt. Es geht darum, bereits mit deinem Stil Selbstbewusstsein zu demonstrieren. Dahinter steckt das Prinzip „Dress for success". Kleide dich so, als ob du bereits erfolgreich und dort angekommen bist, wo du persönlich einmal hin möchtest. Du wirst so von der Außenwelt gesehen, wie du gekleidet bist.

Wenn du die oben genannten Punkte beherzigst und wirkungsvoll umsetzen kannst, hast du einen wesentlichen Schritt hin zu einem selbstbewussten Auftreten bereits gemacht. An letzterem lässt sich arbeiten. Es ist nicht reine Veranlagung, ob du Selbstbewusstsein auf dein Umfeld ausstrahlst. So beweisen psychologische Studien, dass eine selbstbewusste Ausstrahlung und ein selbstsicheres Auftreten durchaus trainiert werden können. Dies solltest du bei der Vorbereitungsarbeit für wichtige Situationen berücksichtigen. Die Aspekte aus der eben dargestellten Karriere-Checkliste werden dir dabei helfen. Wir sind davon überzeugt: Wo ein Wille ist, lässt sich auch ein Weg zu einer selbstbewussteren Ausstrahlung finden. Und jeder erreichte Teilerfolg macht dich ein weiteres Stück selbstsicherer und damit auch selbstbewusster.

Zusammenfassend möchten wir festhalten: Für deinen Erfolg ist es entscheidend, gerade in wichtigen Situationen ein Feuerwerk aus selbstsicherem Auftreten und hervorragenden Leistungen zu zünden, das den Blick sowohl auf dich als Person als auch auf deine Leistung richtet. Deine Strahlkraft als Gesamtpaket muss wirken. Dies ist die große Kunst des Impression Managements. Die Arbeit lohnt sich. Du wirst davon stark profitieren können.

Erfolgssymbolik von Thomas Lurz nach seinem Sieg bei den Weltmeisterschaften in Rom

Wie kann ich mir nachhaltig eine „persönliche Marke" aufbauen, die mich auf dem Weg zu meiner Zielvision unterstützt?

Erfolgreiche Menschen sind auch erfolgreiche Marken. Dies gilt für Spitzensportler ebenso wie für Spitzenkräfte in der Wirtschaft. Sie positionieren sich eindeutig, indem sie der Außenwelt klarmachen, wofür sie stehen. Sie haben eine klare Botschaft. Sie haben ein klares Profil, anhand dessen sie immer wieder demonstrieren und kommunizieren, was sie einzigartig macht und von anderen positiv abhebt. Sie vermarkten sich gezielt als Person, indem sie ihre Kompetenzen und individuellen Stärken sowie die Themen, die sie vertreten, in den Mittelpunkt der Wahrnehmung rücken.

Auch du musst wissen, wie du wahrgenommen werden möchtest. Du musst eine authentische und eindeutige persönliche Marke aufbauen, die zu dir passt. Du kannst damit schon frühzeitig in deiner Karriere beginnen und Schritt für Schritt am Aufbau deiner persönlichen Marke arbeiten. Damit kannst du dich bei den relevanten Entscheidungsträgern smart positionieren, präsentieren und entsprechend vermarkten. Du hebst damit deine Einzigartigkeit hervor. Erfolgreiche Menschen gehen nach einem dreistufigen Verfahren vor, das du für dich nutzen kannst. Die einzelnen Schritte haben wir für dich in nachfolgender Karriere-Checkliste zusammengefasst.

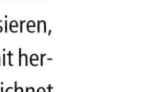

Karriere-Checkliste

- **Gewollte Wirkung identifizieren:** Zunächst einmal musst du eine Bestandsaufnahme deiner herausragendsten Kompetenzen und Stärken vornehmen und analysieren, mit welchen Aspekten du im Vergleich zu anderen am besten punkten und damit hervorstechen kannst. Es geht darum, zu identifizieren, was dich besonders auszeichnet und zugleich unverwechselbar macht. Daraus kannst du dann die gewollte Wirkung ableiten.
- **Persönliche Marke aufbauen und vorleben:** Eine persönliche Marke ist immer authentisch. Sie passt zu dir wie ein Maßanzug. Sie ist niemals eine reine Kopie von jemand anderem. Deine persönliche Marke ist dein klares, unverwechselbares Profil, das du bewusst nach außen kehrst, weil es dich in deiner Zielerreichung unterstützt.

■ **Persönliche Marke kommunizieren:** Wer eine persönliche Marke nachhaltig etablieren möchte, muss sie direkt und indirekt sowie bei allen relevanten Gelegenheiten kommunizieren und damit gezieltes Selbstmarketing betreiben. Dabei ist freilich ein gesundes Maß zu finden. Überzogenes, aufdringliches, penetrantes oder im schlimmsten Fall unglaubwürdiges Selbstmarketing ist nicht zielführend. Es wirkt kontraproduktiv. Achte daher stets auf Authentizität und das richtige Maß im Selbstmarketing.

Gewollte Wirkung identifizieren

Hiermit gehen die folgenden Fragen einher, die du dir stellen solltest: Wie will ich auf andere wirken? Für welche Eigenschaften, Kompetenzen, individuelle Stärken und Themen möchte ich stehen? Was soll anderen in den Sinn kommen, wenn sie meinen Namen hören oder mir begegnen? Mit welchen Inhalten und Persönlichkeitsmerkmalen möchte ich mich nachhaltig im Laufe meiner Karriere positionieren? Wie möchte ich als Gesamtpaket wirken? Dabei ist zu beachten, dass Erfolg immer relativ zu anderen ist. Gleiches gilt auch für deine Wirkung nach außen. Du musst für deine persönliche Markenbildung diejenigen Punkte identifizieren, für die du einerseits glaubwürdig stehst und mit denen du andererseits klar hervorstichst. Dies sind nicht nur die Grundlagen für die Erarbeitung deiner persönlichen Marke, sondern auch zentrale Erfolgsfaktoren.

Persönliche Marke aufbauen und vorleben

Dein Profil sagt aus, wofür du stehst. Es geht um nichts anderes als um deine unique selling proposition, also um das, was dich im positiven Sinne von anderen abhebt. Es sagt aus, warum es sich für andere lohnt, gerade dir Aufmerksamkeit zu schenken, dich zu beachten, zu unterstützen und zu fördern. Ein Mensch wird immer dann als authentisch wahrgenommen, wenn seine Aussagen mit dessen Leistungen, Verhalten und Gesamtauftritt übereinstimmen.

Zu letzterem zählt auch das Outfit. Dieses beinhaltet einen eigenen persönlichen Stil. Dein Stil ist individuell und muss zu deiner persönlichen Marke passen. Du musst dich darin wohlfühlen und gleichzeitig individuelle Akzente setzen. Es bietet sich an, im Laufe deiner Karriereentwicklung ein eigenes Signature-Outfit zu entwickeln. Dies ist ein Outfit, das etwas

Unverwechselbares umfasst, das mit dir in Verbindung gebracht wird. Es kehrt deine individuellen Vorzüge nach außen, passt zu deiner Nische und beinhaltet gleichzeitig eine raffinierte Besonderheit, die dich von anderen in charmanter, positiver Art abhebt und deine Persönlichkeit unterstreicht. Ein Signature-Outfit ruft ganz gezielt einen persönlichen Wiedererkennungswert hervor, der die persönliche Marke des jeweiligen Trägers hervorhebt. Beispielsweise trägt jeder Steiff-Teddybär einen unverwechselbaren Knopf im Ohr. Auch Karl Lagerfeld arbeitet gezielt mit seinem Signature-Outfit bestehend aus weißgepudertem Haarzopf, Sonnenbrille und stets elegantem, eng geschnittenen schwarzen Anzug, das ihn unverwechselbar macht. Der ehemalige deutsche Außenminister, Hans-Dietrich Genscher, trug stets einen gelben Pullunder zu seinen Anzügen und Sakkos, der nicht nur aufgrund der Farbe hervorstach, sondern auch die politische Zugehörigkeit Genschers hervorhob. Bei einem Signature-Outfit müssen nicht notwendigerweise alle Elemente des Outfits unverwechselbar sein. Ein einzelnes auffälliges Element reicht oftmals aus. Oder die Kombination aus allen Elementen wirkt in Summe einzigartig.

Wichtig beim Aufbau einer Marke ist es, dich auf bestimmte, handverlesene Schlüsselmerkmale zu konzentrieren, die dazu geeignet sind, ein stimmiges, von dir erwünschtes Gesamtbild deiner Wahrnehmung zu erzeugen, das dich deinen Zielen näherbringt. Wichtig für die Auswahl der Schlüsselmerkmale ist es, dich – wie oben erwähnt – auf deine persönlichen Kompetenzen, Stärken und Besonderheiten zu fokussieren, die du möglichst zielführend in Szene setzt.

Durch die Konzentration auf einige ausgewählte Schlüsselmerkmale setzt du gezielt Wahrnehmungsanker, die zu dir passen und authentisch sind.

Dabei gilt, dass weniger mehr ist. Wir empfehlen dir, dich auf einige wenige Anker zu konzentrieren. Diese Anker müssen sich wie ein roter Faden durch deine Leistungen, deine Auftritte, dein Verhalten und deine Kommunikation ziehen. Handeln, Auftreten und Sprache müssen übereinstimmen. Dies erfordert Zeit sowie kontinuierliche Wiederholung und gezielte Konsistenz der einzelnen Elemente deines Gesamtauftritts. So etablierst du

Schritt für Schritt eine persönliche, unverwechselbare Marke, die dich einzigartig macht und deine Persönlichkeit hervorhebt. Thomas Lurz hat viele Jahre in seiner Laufbahn daran gearbeitet, bis er mit seiner persönlichen Marke als Sportler, bestehend aus den Attributen „diszipliniert", „hart trainierend", „ausdauerstark" und „kämpferisch", in der Sportlerwelt wahrgenommen wurde. Diese Attribute lebt er wiederkehrend im Training, auf Wettkämpfen sowie in seinen Aussagen in Interviews vor. So hat er sich über Jahre hinweg ein Image geschaffen, das ihn wie ein treuer Weggefährte in wichtigen Situationen begleitet und für andere Transparenz darüber schafft, was ihn auszeichnet und was von ihm zu erwarten ist.

Persönliche Marke kommunizieren

Direktes Kommunizieren deiner persönlichen Marke erfolgt über Aussagen, die du mündlich oder schriftlich tätigst. Indirektes Kommunizieren deiner Marke hingegen wird durch dein Verhalten und deine Leistungen hervorgerufen. Im Idealfall wählst du eine Kombination aus beiden Kommunikationsformen, die sich stimmig ineinanderfügen und eine glaubwürdige, kraftvolle Gesamtwirkung erzeugen. Dir muss es gelingen, relevante Entscheidungsträger auf dich aufmerksam zu machen, weil sie dein Profil verstanden haben und für interessant und vor allem auch glaubwürdig erachten.

Wie umfangreich das erforderliche Selbstmarketing ist und was als angemessen gilt, hängt von der jeweiligen Nische und Position ab. Durch das Beobachten von erfolgreichen Menschen in deiner Nische wirst du allerdings sehr schnell ein Gespür dafür entwickeln, was ein zielführender Weg für ein überzeugendes, aber nicht überzogenes Selbstmarketing ist. In einem nächsten Schritt geht es darum, mit deiner persönlichen Marke in die relevante Öffentlichkeit zu gehen. Effektives Selbstmarketing benötigt immer eine passende Bühne. Entscheidend ist, dass du bei wichtigen Terminen überzeugst und deine persönliche Marke glaubwürdig vorlebst. Fördern kannst du dein Selbstmarketing ferner durch das Besuchen von Tagungen, Events und Kongressen. In Abhängigkeit von deiner persönlichen Nische und Branche können darüber hinaus auch Publikationen und Interviews hilfreich sein, in denen du mit deinen Aussagen deine persönliche Marke hervorhebst und publik machst. Einen weiteren Hinweis möchten wir dir an dieser Stelle geben:

Insbesondere ein Image aus Schwächen setzt sich hartnäckig in den Köpfen der anderen Menschen fest. Daher solltest du möglichst von Beginn deiner Karriere an Fehler vermeiden und stets auf deine Außenwirkung achten. Es lohnt sich, möglichst frühzeitig die persönlichen Stärken und Kompetenzen als Wahrnehmungsanker in den Köpfen der relevanten Entscheidungsträger zu etablieren und Schritt für Schritt am Aufbau deiner unverwechselbaren, persönlichen Marke zu arbeiten. Du musst dir deine persönliche Marke systematisch aufbauen wie ein großes Puzzle, das du Teil für Teil zusammensetzt. Hast du eine solche Marke erst einmal erfolgreich etabliert, wird ein positiver Bumerang-Effekt einsetzen: Was du in deine persönliche Marke investiert hast, wird sie dir zurückgeben. Sie wird wie ein treuer Begleiter für dich arbeiten.

Manchmal gehört zum Impression Management auch dazu, im richtigen Moment zu schweigen oder dich bewusst gegen etwas zu entscheiden. Hierzu zählt, Nein zu Angeboten zu sagen, die nicht zu dir und der von dir geschaffenen persönlichen Marke passen. Du musst dich immer auf die ausgewählten Wahrnehmungsanker konzentrieren, die deine persönliche Marke auszeichnen. Auch wenn es manchmal verlockend erscheint: Es kann dein Markenprofil verwässern, wenn du auf zu vielen Hochzeiten tanzt und zu viele oder sich vielleicht sogar widersprechende Themen und Aufgaben anpackst und vertrittst. Eine persönliche Marke ist wie eine kleine, feine Boutique mit einem klaren Profil und Alleinstellungsmerkmal. Sie ist kein Gemischtwarenladen mit einem breiten, unspezifischen Sortiment, das alles und doch nichts anbietet. Je erfolgreicher du wirst, desto mehr Angebote wird man auch an dich herantragen. Hier bedarf es Fingerspitzengefühl, welche „Sonderangebote des Lebens" du links liegen lassen musst, weil sie weder zu deiner persönlichen Marke noch zu dir als Person noch zu deinen persönlichen Zielen passen und dich nur unnötig aufhalten würden. Impression Management bedeutet, dich auf einige wenige und sorgfältig ausgewählte Wahrnehmungsanker zu fokussieren und diese glaubwürdig vorzuleben.

KAPITEL 10

Management von Niederlagen

Stehe immer einmal mehr auf, als du hinfällst

„Ich musste vor meinen ganz großen Erfolgen erstmal lernen, zu verlieren, um das Gewinnen zu lernen.“

THOMAS LURZ

Der konstruktive Umgang sowohl mit Siegen als auch mit Niederlagen will und muss gelernt sein. Doch während der Umgang mit Siegen gerne öffentlich thematisiert wird, werden Niederlagen nach wie vor noch tabuisiert und unter den Teppich gekehrt. Viel lieber werden klangvolle Erfolgsgeschichten kommuniziert. Doch auch Niederlagen und Rückschläge lernt jeder im Laufe seiner Karriere irgendwann kennen, obwohl kaum einer offen darüber spricht. Denn sie gehen mit Enttäuschung einher und können am Selbstvertrauen nagen. Sie können einem vorübergehend die Laune und die Lust verderben, weiterhin an seinen Zielen zu arbeiten. Bei besonders bitteren Rückschlägen und Niederlagen kann jeden Menschen schon einmal der Gedanke ereilen, alles hinwerfen zu wollen und den gewählten Karriereweg und seine Zielvision infrage zu stellen.

Dies ist alles nachvollziehbar. Doch Niederlagen tragen auch etwas Positives in sich – so paradox dies im ersten Moment auch klingen mag. Die positive Seite musst du im Moment einer Niederlage erkennen. In jeder Niederlage liegt nämlich auch immer eine Chance verborgen, die du ergreifen solltest. Denn Niederlagen können hilfreich für deine persönliche Weiterentwicklung sein.

Wir lernen in Niederlagen oft mehr als auf dem schnurgeraden und reibungslosen Weg zum Erfolg.

Klar: Wir alle lernen lieber aus Erfolgen, denn sie sind immer angenehmer. Du wirst bestätigt in deinem Leistungsvermögen und bestätigt in dem, was du richtig gemacht hast und für weitere Erfolge nutzen kannst. Aber auch Niederlagen sind wichtige Lernquellen. Sie sind nur dann schlimm, wenn du nichts daraus lernst. Dann haben Niederlagen tatsächlich nur Negatives an sich. Du hast jedoch immer die Wahl: „Learn to fail or you will fail to learn." Erfolgreiche Menschen scheitern lieber intelligent, als gar nicht daraus zu lernen.

Thomas Lurz nach seinem enttäuschenden 22. Platz bei den Olympischen Spielen in Athen; danach entschied er sich für einen Strategiewechsel

Wie kann ich Rückschläge konstruktiv nutzen?

Jeder, der sich auf den Weg zu anspruchsvollen Zielen macht, wird im Laufe seiner Karriere zwangsläufig hin und wieder mal Fehler machen oder starken Gegenwind erfahren, was vorübergehend zu Rückschlägen, Stagnation oder empfundenen Niederlagen führt. Weder Spitzensportler noch Spitzenkräfte in der Wirtschaft fahren auf dem Weg an die Spitze ausschließlich Erfolge ein und marschieren schnurgerade an die Spitze. Jeder erfolgreiche Mensch wird hin und wieder selbst verschuldete, aber auch unverschuldete Rückschläge hinnehmen müssen. Jeder wird bisweilen Phasen in seiner Karriere erleben, in denen es nicht so läuft, wie er es sich gewünscht oder vorgestellt hat. Auch dies gehört zum Erfolg dazu. Denn alles, was nach oben steigt, kann grundsätzlich auch wieder nach unten fallen. Das ist ein einfaches physikalisches Gesetz, das auch auf Karrieren übertragbar ist. Dabei sind folgende zwei Aspekte zu berücksichtigen:

- Wer erst gar nicht versucht aufzusteigen, wird zwar nicht scheitern, aber sicherlich auch nicht siegen.
- Wer hingegen siegen möchte, muss das Fallen und damit den konstruktiven Umgang mit Rückschlägen und Niederlagen erlernen.

Der vorübergehende Fall nach unten kann im Nachhinein eine wertvolle Chance in einer Karriere darstellen,

- um innezuhalten,
- persönliche Bilanz zu ziehen,
- nachzudenken,
- Strategien zu überprüfen,
- erforderliche Korrekturen vorzunehmen
- und dann stärker als zuvor wieder aufzusteigen.

Rückschläge, Stagnationsphasen und Niederlagen tragen immer das Potenzial in sich, produktive Lernphasen zu sein. Du musst ihnen immer nur den Beigeschmack einer Katastrophe nehmen, indem du nicht am Boden liegen bleibst. Vielmehr solltest du dich nach einem Rückschlag möglichst schnell wieder berappeln, aufstehen und wieder Kurs auf deine persönlichen Ziele nehmen. Eine notwendige Veränderung benötigt manchmal Krisen. Denn letztere helfen dir, die Notwendigkeit zu erkennen, etwas verändern zu müssen. Wer immer nur schnurgerade einen Erfolg nach dem anderen erfährt, erkennt sehr oft notwendige Veränderungen nicht, die für zukünftige Erfolge wichtig sind. Rückschläge hingegen können sehr oft Selbstreflexionsprozesse anstoßen, die in wertvollen Erkenntnissen für die weitere Karriere münden. Daher treten Lernchancen oftmals im hässlichen Gewand von Niederlagen auf. Um letztere produktiv zu meistern, an ihnen zu wachsen und gestärkt aus ihnen hervorzugehen, empfehlen wir dir, auf die Aspekte in nachfolgender Karriere-Checkliste zu achten:

Karriere-Checkliste

- **Realistisches Erwartungsmanagement:** Versuche erst gar nicht, eine Karriere gänzlich ohne Rückschläge zu realisieren. Dies darf nicht deine Erwartungshaltung sein, denn es würde nur zu Enttäuschungen führen. Stelle dich lieber von Beginn an darauf ein, dass erfolgreiche Karrieren niemals schnurgerade verlaufen.
- **Lernorientiertes Scheitern:** Wenn du schon hin und wieder Niederlagen und Rückschläge einstecken musst, solltest du wenigstens die Botschaften herausfiltern, die in ihnen stecken, um aus ihnen zu lernen.
- **Reifen durch Scheitern:** Einen weiteren Vorteil bringen Scheitern, Rückschläge oder schwierige Situationen in deinem Werdegang mit sich: Sie lassen dich oftmals nicht nur fachlich, sondern auch persönlich wachsen. Jeder Mensch, der schon einmal aus eigener Kraft eine Niederlage in einen späteren Erfolg verwandelt hat, ist daran gewachsen.

Realistisches Erwartungsmanagement

Je anspruchsvoller deine Ziele sind, desto wahrscheinlicher sind auch gelegentliche Rückschläge. Wo Licht ist, ist immer auch ein wenig Schatten. Denn wer erfolgreich sein möchte, muss schließlich immer wieder auch etwas wagen und dabei eingetretene, sichere Pfade verlassen. Dies bringt ein erhöhtes Risiko mit sich, dass hin und wieder etwas auch nicht reibungslos verläuft, da du nicht auf erprobte Wege zurückgreifen kannst, sondern deinen eigenen Weg gehst. Je erfolgreicher du bist, desto mehr Neider und Widersacher werden dich umgeben, die dir möglicherweise Steine in den Weg legen. Letzteres sollte dich weder verunsichern noch allzu sehr ärgern oder gar aufhalten. Es ist immer auch als ein verkapptes Kompliment zu verstehen. Einen toten Hund tritt man schließlich nicht, einen erfolgreichen, aufstrebenden Menschen, der aus der Reihe tanzt und durch seine Leistungen herausragt, hingegen schon viel eher. Dies führt hin und wieder auch zu Rückschlägen oder lästigen Stagnationsphasen in der Karriere, bei denen Geduld gefragt ist. Wenn du dich frühzeitig darauf einstellst, dass auch diese Facetten zum Erfolg dazugehören, wirst du nicht überrascht sein. Dies ermöglicht dir, ein dickeres Fell anzuziehen, damit dich Niederlagen nicht so hart treffen oder – bei aller gesunder Selbstreflexion – nicht zu sehr an dir selbst zweifeln lassen.

Lernorientiertes Scheitern

Um aus Niederlagen tatsächlich konstruktive Schlüsse ziehen zu können, ist es zunächst einmal erforderlich, Rückschläge, Stagnationsphasen und Niederlagen nicht schönzureden, sondern dir selbst einzugestehen. Das heißt nicht, dass du für jeden Rückschlag selbst verantwortlich bist. Externe Rahmenbedingungen lassen sich nicht immer steuern. Allerdings bist du dafür verantwortlich, wie du mit ihnen umgehst und welche Konsequenzen du daraus ziehst. Wenig konstruktiv wäre es, mit den gleichen Mitteln unbeirrt weiterzumachen, die bereits zuvor nicht zum Erfolg geführt haben. Ebenso wenig hilft es herumzujammern, ohne aktiv zu werden, und sich in eine passive Opferrolle hineinzuretten. Dies hilft dir nicht weiter und kostet nur unnötige Energie. Auf Niederlagen müssen Aktionen folgen. Sonst bleibst du in dem unbefriedigenden Zustand hängen.

Wir können es nicht oft genug betonen: Niederlagen sind wichtige Lebenserfahrungen. Sie können Auslöser für einen Neuanfang darstellen, der im Laufe der weiteren Karriere zu größeren Erfolgen führt. Voraussetzung für einen konstruktiven Umgang mit Niederlagen ist allerdings immer, sorgfältige Ursachenanalyse zu betreiben. Du musst dich ehrlich damit auseinandersetzen, was die ausschlaggebenden Faktoren sind, dass der anvisierte Erfolg ausgeblieben ist oder auf sich warten lässt. Leite daraus ab, was du in Zukunft ändern musst, um an dein Ziel zu gelangen.

Wachse an deinem Scheitern, indem du lernst, was du in Zukunft besser und anders machen kannst.

Mit diesem Lernen bereitest du deinen nächsten Erfolg vor. Damit kann ein vorübergehendes Scheitern immer auch Wegbereiter für einen späteren Erfolg sein. Mit anderen Worten: Scheitere, scheitere erneut, aber scheitere immer besser. Stelle dir dabei die folgende Metapher eines Weitspringers vor: Eine Niederlage bedeutet, zunächst einen Schritt zurückzugehen, innezuhalten, dann dein Ziel konzentriert anzuvisieren, um schließlich mit aller Kraft Anlauf zu nehmen und einen großen Satz nach vorn zu machen. Du kannst damit nach einer Niederlage weiter springen als zuvor.

Reifen durch Scheitern

Jeder Mensch, der schon einmal eine schwierige Lebenssituation erfolgreich gemeistert und wieder zurück ins Leben und zu seinen Zielen gefunden hat, geht gestärkt und gereift aus einer solchen Lebensphase hervor. Der Persönlichkeit werden weitere, stärkende Facetten hinzugefügt, die vorher noch nicht abgerufen werden mussten. Bei Rückschlägen und Niederlagen, die du selbst verschuldet hast, solltest du zwar selbstkritisch und reflektierend, gleichzeitig aber nicht allzu streng mit dir selbst sein. Du musst aus deinen Fehlern lernen, das ist klar. Dann aber solltest du dir möglichst rasch vergeben und optimistisch und selbstbewusst wieder nach vorn blicken. Du musst nach einem Fall schnell wieder aufs Pferd aufsteigen und deine Ziele ins Visier nehmen. Auch das gehört zum persönlichen Reifeprozess dazu. Dies umfasst die Fähigkeit, zurückzublicken, die negativen Erinnerungen abzuschütteln, vielleicht sogar zu lachen, um dann selbstbewusst neue Ziele in Angriff zu nehmen.

Wir möchten es gar nicht schönreden: Niederlagen, Rückschläge und persönliche Krisen fühlen sich für jeden kurzfristig meist furchtbar an. Man ärgert sich, ist enttäuscht und frustriert. Langfristig hingegen können sie wertvolle Meilensteine in deiner Karriere markieren, wenn du danach die richtigen Schlüsse für dich ziehst. So manch ein erfolgreicher Mensch im Spitzensport und der Wirtschaft ist erst nach einer großen Niederlage richtig erfolgreich geworden und war im Nachhinein sogar dankbar, dass eine Niederlage zum Umdenken und zur Neuorientierung geführt hat.

Thomas Lurz erlebte im Jahr 2004 eine seiner größten sportlichen Niederlagen in seiner Karriere. Er reiste im Sommer dieses Jahres zu seinen ersten Olympischen Spielen nach Athen an. Er war hoch motiviert und hatte hart trainiert. Mit der zehntbesten Zeit hatte er sich für den 1.500-Meter-Freistil im Becken qualifiziert. Sein persönliches Ziel war es, sich für das Finale der besten acht Schwimmer zu qualifizieren und dort sein Bestes zu geben, um vielleicht sogar noch weiter nach vorn zu schwimmen. Doch Thomas war im entscheidenden Moment in Athen nicht in Form. Er blieb in den Vorrunden weit über seiner persönlichen Bestzeit. Er schwamm auf den 22. Platz und blieb dabei deutlich hinter seinen Zielen und Erwartungen zurück. Völlig enttäuscht reiste er von seinen ersten Olympischen Spielen wieder ab, die er sich ganz anders vorgestellt hatte. Es war für ihn die bislang größte sportliche Niederlage und eine herbe Enttäuschung in seiner bisher steil aufwärts verlaufenen Schwimmerkarriere. Der große Traum eines jeden jungen Sportlers, bei den Olympischen Spielen zu glänzen, war vorerst geplatzt. Er war frustriert und ärgerte sich über sich selbst.

Doch er wollte die Niederlage nicht einfach so als tiefen Punkt in seiner Karriere stehen lassen. Wenn er schon nicht sportlich erfolgreich gewesen war, wollte er zumindest Schlüsse für mögliche spätere Erfolge ableiten können. Nachdem der größte Frust überwunden war, entschloss er sich, gemeinsam mit seinem Trainer zu analysieren, was im Einzelnen schief gelaufen war, um daraus Schlüsse für die Zukunft zu ziehen. Also nutzte er die Tage nach den Olympischen Spielen, um sorgfältig seine Niederlage und die Faktoren, die dazu geführt hatten, zu reflektieren und Ursachenanalyse zu betreiben. Er kam dabei zu folgenden Schlüssen:

- Er erkannte, dass er sich von der großen Kulisse der Olympischen Spiele und auch von den großen Namen herausragender Athleten zu stark hatte beeindrucken lassen. Dies hatte ihn davon abgehalten, sich vor dem Rennen völlig auf sich selbst, sein eigenes Leistungsvermögen und seine eigene Renntaktik zu konzentrieren. Er war zu sehr von äußeren Rahmenfaktoren abgelenkt.
- Als Hauptgrund für seine Niederlage allerdings konnte er zu intensives Training vor den Olympischen Spielen identifizieren. Er hatte – getrieben von seinen Ambitionen und der ausgeprägten Motivation, bei seinen ersten Olympischen Spielen sein Bestes geben zu wollen – zu intensiv trainiert und den Bogen dabei überspannt. Infolge des harten Trainings und der Anspannung war er wenige Wochen vor den Olympischen Spielen krank geworden. Statt zu pausieren, hatte er ohne Unterbrechung und ohne Rücksicht auf seinen geschwächten Körper weiter trainiert und damit die Signale seines geschwächten Körpers bewusst ignoriert. Unter keinen Umständen hatte er eine Trainingseinheit verpassen wollen. Er

hatte die Krankheit einfach ausgeblendet und sein Trainingspensum stur durchgezogen. Sein Körper war daher zum Zeitpunkt der Olympischen Spiele nicht in Höchstform. Thomas konnte sein volles Leistungspotenzial in dem entscheidenden Moment nicht abrufen. Statt sich ins Finale zu schwimmen, blieb er nicht nur hinter der persönlichen Bestzeit, sondern auch hinter seinen sportlichen Zielen klar zurück.

Thomas Lurz wusste, dass eine Niederlage bei den Olympischen Spielen wohl das teuerste Lehrgeld ist, das ein Sportler bezahlen kann. Daher wollte er es zumindest für den weiteren Verlauf seiner Karriere erfolgreich reinvestieren. Also zog Thomas seine Konsequenzen in Form von zwei Entscheidungen, an denen er konsequent bis heute festhält:

- Zum einen entschied er, dass er zukünftig frühzeitig auf die Signale seines Körpers hören würde, anstelle sie stur auszublenden. Dies fällt ihm aufgrund seiner ausgeprägten Leistungsorientierung nicht immer leicht. Doch seine Erfahrungen in Athen waren ihm eine Lehre. Wenn er nun einmal krank wird, fährt er sein Trainingspensum konsequent herunter und gibt seinem Körper Zeit, sich zu regenerieren.
- Zum anderen suchte sich Thomas eine neue Nische – die Langstrecken über fünf und zehn Kilometer im Freiwasser –, um stärker an seine persönlichen Voraussetzungen für Erfolg heranzurücken und damit seine individuellen Stärken voll ausspielen zu können. Dafür musste er sich erstmal von seiner Lieblingsstrecke und seinem bisher eingeschlagenen sportlichen Weg verabschieden und umdenken. In der Nische des Freiwasserschwimmens ist er bis heute höchst erfolgreich.

Thomas Lurz hatte zwar an seiner Niederlage bei den Olympischen Spielen stark zu beißen, aber er richtete seinen Blick schon kurz danach wieder nach vorn. Er wusste, dass das harte Training, dem er sich im Jahr 2004 unterzogen hatte, noch in seinem Körper steckte. Er wollte etwas daraus machen und nicht im Frust der verpatzten Olympischen Spiele verharren. Er wollte möglichst schnell auf die Erfolgsspur zurückkehren und die Früchte seines harten Trainings ernten. Mit seinem Trainer hatte er besprochen, dass er noch im selben Jahr an den großen internationalen Wettkämpfen im Freiwasserschwimmen teilnehmen wollte. Also fokussierte er seine Kräfte und seine volle Konzentration schon unmittelbar nach den Olympischen Spielen in Athen auf die anstehenden Weltmeisterschaften im Freiwasserschwimmen. Diese fanden nur drei Monate danach in Dubai statt.

Thomas stellte also sein Training um und nutzte die verbleibenden Wochen, um sowohl physisch als auch mental hart an sich zu arbeiten und sich gut auf die veränderten Bedingungen im Freiwasser vorzubereiten. Anders als beim Beckenschwimmen müssen im Training vor allem die äußeren Rahmenbedingungen im Freiwasser wie Strömung, Wellengang und eingeschränkte Sicht mit berücksichtigt werden. Dies war für Thomas Lurz zunächst eine große Umstellung gegenüber seinem bisherigen Training. Darüber hinaus musste er üben, sich die Kräfte gut einzuteilen, um die langen Strecken im Freiwasser bewältigen zu können. So musste Thomas auch intensiv an seiner Renntaktik feilen.

Thomas Lurz trat schließlich im November 2004 bei den Weltmeisterschaften im Freiwasserschwimmen an und war fest entschlossen, diese Nische für sich zu erobern. Er wusste, dass er in dieser Nische seine individuellen physischen und mentalen Stärken voll ausspielen konnte. Er war hoch motiviert und wollte den Misserfolg in Athen durch neue Erfolge möglichst rasch aus seinem Gedächtnis ausradieren. Doch auch bei den Weltmeisterschaften ereilte ihn zunächst ein herber Rückschlag und damit ein erneuter Dämpfer. Bereits im ersten Rennen musste er feststellen, dass ihm die Erfahrungen in seiner neuen Nische noch fehlten. Er teilte sich das Fünf-Kilometer-Rennen falsch ein. Über lange Zeit hinweg hatte er das Feld zwar angeführt und konnte von seiner starken körperlichen Verfassung profitieren. Doch dann attackierten ihn seine Konkurrenten ein paar hundert Meter vor dem Ziel und zogen an ihm vorbei. Im Schlussspurt konnte Thomas Lurz sie nicht mehr einholen. Er hatte die falsche Renntaktik gewählt und seine Kraftreserven nicht optimal eingeteilt. Er landete auf dem undankbaren vierten Platz.

Auch wenn ein vierter Platz bei Weltmeisterschaften in einer neuen Disziplin zwar beachtlich ist, war Thomas Lurz einmal mehr von sich enttäuscht. Er wusste, dass mehr möglich gewesen war, und wollte deutlich mehr als einen vierten Platz erzielen. Das Jahr 2004, für das er sich besonders gut vorbereitet und extrem hart trainiert hatte, erschien ihm auf einmal wie eine unbequeme Zäsur in seiner bislang so erfolgsverwöhnten Karriere. Nur zwei Tage später stand das nächste Rennen an, diesmal über zehn Kilometer. Anders als noch zwei Tage zuvor ging Thomas diesmal ohne Druck in das Rennen. Er wusste, er hatte nichts zu verlieren. Er wollte einzig und allein sein Bestes geben. Er fühlte sich sowohl körperlich als auch mental gut in Form. Er nahm sich vor, sich auf sein eigenes

Rennen und seine eigene Taktik zu konzentrieren, sich über die langen zehn Kilometer seine Kräfte intelligent einzuteilen und vor allem noch Reserven für den Schlussspurt aufzubewahren.

Das Rennen lief gut. Thomas setzte sich an die Spitze und hielt sich dort. Es war, als würde der Knoten endlich platzen. Thomas schwamm der Konkurrenz davon und war auch im Schlussspurt nicht mehr einzuholen. Er holte sein erstes Gold bei Weltmeisterschaften. Sein lang ersehntes großes Ziel, Schwimmweltmeister zu werden, hatte er erstmalig erreicht.

2004 war für Thomas Lurz das Jahr seiner bislang größten sportlichen Niederlagen. Gleichzeitig war es aber auch das Jahr, das einen Wendepunkt in seiner Karriere markierte und ihm den erhofften Durchbruch in seiner Karriere und damit den Aufstieg in die absolute Weltspitze verschaffte. Erst die bittere Niederlage bei den Olympischen Spielen hatte ihn zum Umdenken bewegt und dazu bewogen, sich eine neue Nische zu suchen und von Wegen, die nicht zum Erfolg geführt hatten, Abstand zu nehmen. Seit dem Jahr 2004 ist bislang kein Jahr vergangen, in dem Thomas nicht bei Weltmeisterschaften mit der Goldmedaille zurückgekehrt ist. Sieben Jahren in Folge blieb er auf der Fünf-Kilometer-Strecke ungeschlagen. Im Jahr 2010 wurde er daher zum Freiwasserschwimmer des Jahrzehnts gekürt. Ein Jahr später wurde er zum Weltschwimmer des Jahres 2011 im Freiwasser gewählt und holte den insgesamt zehnten Weltmeistertitel in seiner Karriere. Die Sportpresse nennt ihn den „König des Freiwassers". Zusammenfassend möchten wir festhalten:

Niederlagen sind große Chancen, die sich auf den ersten Blick in bitterer Verkleidung präsentieren.

Auf den zweiten Blick allerdings können sie dir nützlich werden. In ihnen schlummern große Lernpotenziale, die du für zukünftige Erfolge verwerten und dadurch sogar den großen Durchbruch in deiner Karriere schaffen kannst.

KAPITEL 11

Sexiness of Success

Feiere deine Erfolge

„Meine Erfolge machen mich zufrieden. Sie geben mir Selbstvertrauen und Kraft, weiterzumachen und jeden Tag so hart für weitere Erfolge zu arbeiten. Ich feiere meine Erfolge ganz bewusst, um Kraft zu tanken. Aber ich achte auch darauf, dass ich sie nie als selbstverständlich ansehe. Egal wie oft ich schon Weltmeister geworden bin: Es ist jedes Mal etwas besonderes. Ich freue mich über jeden gewonnenen Titel und weiß zu schätzen, was das heißt. Ansonsten würde ich ich den Respekt vor der Konkurrenz verlieren . Dies würde meine nächsten Erfolge gefährden. "

THOMAS LURZ

Nimm deine Erfolge – auch wenn sie wiederkehren – niemals für selbstverständlich. Feiere sie. Jeden einzelnen. Denn du hast dir auch jeden einzelnen verdient und hart erarbeitet. Verschenke nicht das motivierende Potenzial, das im bewussten Feiern von Erfolgen verborgen liegt. Es ist wichtig, dass du deine Erfolge genießt, dadurch dein Selbstvertrauen in deine Fähigkeiten stärkst und daraus Kraft schöpfst für deine nächsten Ziele.

Menschen sind allerdings Gewohnheitstiere. Damit gewöhnen sie sich auch an Erfolg. Gerade leistungsorientierte Menschen, die über lange Jahre hinweg erfolgsverwöhnt sind, tendieren dazu, ihre Erfolge kaum noch bewusst

Thomas Lurz mit dem bayerischen Sportpreis 2011 in der Kategorie „Hochleistungssportler plus"

wahrzunehmen. Es erscheint ihnen als völlig normal und ist alltäglicher Bestandteil ihres Berufslebens und Arbeitsalltags geworden. Doch:

Egal wie erfolgreich du im Laufe deiner Karriere schon geworden bist – Erfolg ist niemals selbstverständlich.

Es steckt jedes Mal eine anerkennenswerte Leistung dahinter. Deine Erfolge stellen einen wichtigen Motor für deine weitere Karriere dar und sind wichtig für deine Motivation. Wer sich hingegen so stark an seinen Erfolg gewöhnt, dass er ihn gar nicht mehr sieht und folglich nicht bewusst genießen kann, läuft Gefahr, früher oder später die Sinnfrage der Karriere zu stellen oder in ein tiefes Motivationsloch zu fallen. Damit es auf dem Weg zu deinen Zielen nicht dazu kommt, empfehlen wir dir die folgenden Techniken, die dir helfen, deine Erfolge ganz bewusst zu genießen und daraus Kraft für weitere Ziele zu schöpfen:

Karriere-Checkliste

- **Bewusstes Reflektieren der eigenen Leistung:** Führe dir bewusst vor Augen, was du bislang schon alles erreicht hast. Achte dabei auch auf kleine erreichte Ziele und Teilerfolge. Sie geraten viel zu oft in Vergessenheit oder werden kaum beachtet.
- **Genussvolles Feiern der Erfolge:** Gönne dir etwas für deinen Erfolg und feiere ihn. Jedes Mal. Ganz bewusst. Feiere auch erreichte Teilerfolge.
- **Bewusst den Erfolgshunger bewahren:** Um nachhaltig erfolgreich zu sein, musst du dir deinen Erfolgshunger bewahren. Dabei spielen rationale, aber auch emotionale Argumente eine große Rolle. Höre in dich hinein, welche Ziele du als nächstes angehen möchtest. Es kommt auf ein stimmiges Zusammenspiel aus Intuition und Verstand an.
- **Gedanklichen Spagat aus Gegenwarts- und Zukunftsorientierung meistern:** Um erfolgreich bleiben zu können, muss einerseits dein Blick auf deine Ziele in der Zukunft gerichtet sein. Denn: Nach dem Erfolg ist vor dem Erfolg. Du musst deine nächsten Ziele bereits gedanklich in Angriff nehmen und darfst dich nicht ewig auf deinen bislang erreichten Lorbeeren ausruhen. Andererseits darfst du nicht zu Lasten der Gegenwart leben und nur für die Zukunft arbeiten. Genieße auch die Gegenwart!

Bewusstes Reflektieren der eigenen Leistung

Auch Teilerfolge sind wichtig, da sie Vorbereitungsschritte auf dem Weg zu größeren Erfolgen darstellen. Vor allem zeigen sie dir, dass du in die richtige Richtung läufst und Fortschritte in deiner Karriere machst. Dies motiviert nicht nur, sondern es sind auch wichtige Signale für deine eigene Leistungskontrolle, die du nicht überhören solltest. Ziehe den Vergleich zu ein paar Jahren oder Monaten vorher und stelle dabei nicht dein Licht unter den Scheffel. Wo standest du damals im Vergleich zu heute? Was hast du in der Zwischenzeit erreicht? Worin hast du dich verbessert? Wie hast du deine Kompetenzen und individuellen Stärken weiter ausgebaut? Wie bist du deinem großen Ziel bereits nähergekommen? Wie hat sich dein leistungsbezogenes Selbstbewusstsein entwickelt? Erst durch die Auseinandersetzung mit diesen Fragen mag dir bewusst werden, was du dir bereits alles Schritt für Schritt erarbeitet hast. Sehr oft merkst du erst durch diese bewussten Fragen, was du in Summe bereits geschafft hast und worauf du stolz sein kannst.

Genussvolles Feiern der Erfolge

Verwöhne dich. Belohne dich. Materiell oder immateriell. Belohne dich groß oder klein, dies spielt überhaupt keine Rolle. Hauptsache, du lässt dich selbst spüren, dass es sich lohnt, hart für deine Erfolge zu arbeiten, an deinen Zielen festzuhalten und nicht aufzugeben. Es gibt kein Patentrezept, wie Erfolge am besten zu feiern sind. Jeder muss für sich selbst wissen, wie er sich für seinen Erfolg am besten belohnen kann. Das bewusste Genießen deines Erfolgs sollte dabei im Vordergrund stehen, damit deine Motivation für weitere Ziele gefördert wird. Es geht darum, dass du dir Dinge erlaubst, die deiner persönlichen Motivationsstruktur entsprechen. Sie sollen dich erfreuen und zu weiteren Spitzenleistungen antreiben. Lass dich selbst spüren, was die Vorzüge sind, hart zu arbeiten und schließlich deine Ziele zu erreichen. Es geht um nichts anderes als „work hard, play hard." Wer mutig genug ist, sich anspruchsvolle Ziele zu setzen, und es dann schafft, diese zu erreichen, hat es verdient, seine Erfolge genussvoll zu feiern.

Bewusst den Erfolgshunger bewahren

Wenn du Teiletappen auf deinem Weg zum Ziel bereits erreicht hast, setze dir neue Ziele, die dich näher an deine persönliche Zielvision heranführen. Mit neuen Zielen entsteht neue Motivation. Dies hilft dir, in den nächsten Karriereschritten wieder Sinn zu sehen. Damit machst du den nächsten Schritt in deiner persönlichen Weiterentwicklung. Wenn du merkst, dass sich Leistungsgrenzen verschieben lassen, wirst du auch entsprechend ambitionierter und selbstbewusster und erhöhst die Erwartungen an dich selbst. Du bleibst hungrig auf noch größere Erfolge. Führe dir ganz bewusst nach persönlichen Erfolgen die Bilder und Emotionen deines Erfolgs noch einmal vor Augen und genieße, was du erreicht hast.

Durchlebe in Gedanken deine Erfolgsmomente immer wieder und genieße sie mit allen Sinnen.

So stärkst du mit dieser gedanklichen Übung einerseits dein Selbstvertrauen. Andererseits behältst du so auch deine Lust auf Spitzenleistung. So hält dich dein Erfolg frisch und du bleibst weiterhin erfolgshungrig – egal wie viel du bereits erreicht hast. Du konservierst damit dein Erfolgsstreben. Gerade in den Stunden deiner größten Erfolge musst du dir bewusst die Zeit nehmen, dein Glück zu spüren. Schließe die Augen und sei ganz bei dir selbst. Genieße das Gefühl deiner Zufriedenheit und auch des Stolzes auf dich selbst. Dann können Erfolge im positiven Sinne wie eine Droge wirken und dich zu weiteren Spitzenleistungen antreiben. Denn du möchtest das Hochgefühl eines Erfolgs immer wieder erfahren. Dich treibt eine Sucht, die Gänsehaut-Momente nochmal zu erleben, die immer dann entstehen, wenn du über dich hinausgewachsen bist und deine Ziele erreicht hast.

Gedanklichen Spagat aus Gegenwarts- und Zukunftsorientierung meistern

Wenn du nur für die Zukunft lebst, stirbt irgendwann die Lust auf Leistung, weil du es vermisst, in der Gegenwart dein Leben zu genießen. Daher musst du trotz aller Zukunftsorientierung auch immer gedanklich im Hier und Jetzt leben. Im Idealfall kannst du jeden Tag genießen – trotz der Arbeit, die du in deine Ziele investierst. Wenn es dir gelingt, diesen Spagat zu meistern, verlierst du deine Ziele nicht aus den Augen, kannst dich aber auch an den Erlebnissen der Gegenwart erfreuen. Dies können außergewöhnliche Ereignisse, aber auch alltäglichere Dinge wie beispielsweise ein Restaurantbesuch, ein Treffen mit Freunden, ein Spa-Besuch oder ein Work-out im Fitnessstudio sein. Auch das gehört zum Feiern von Erfolgen dazu.

Es ist wichtig, mit solchen Techniken zu arbeiten, um dir deine Lust auf Leistung und dein Streben nach Erfolg aufrechtzuerhalten. Denn wenn dein Erfolgshunger stirbt, geht deine innere Motivation für weitere Spitzenleistungen verloren. Menschen, die ihren Erfolgshunger verloren haben, beenden in der Regel ihre Karriere, weil ihnen dann die Kraft fehlt, weiterhin hart an sich zu arbeiten.

Als leistungsorientierter Mensch musst du darüber hinaus auch lernen, womöglich mit einer beständig nagenden Unzufriedenheit zu leben, dass du noch mehr erreichen oder etwas noch besser machen könntest. Eine solche Unzufriedenheit ist niemals bequem, aber sie weist auch verschiedene positive Seiten auf. Denn Unzufriedenheit – in einem gesunden Ausmaß allerdings – ist die Triebfeder, die dich harte Arbeitstage durchstehen lässt, ohne innerlich auszubrennen. Deine Unzufriedenheit liefert zudem Energie für ein hohes Arbeitstempo und Produktivitätsniveau, das erfolgreiche Menschen auszeichnet. Eine latente Unzufriedenheit hält in Bewegung und treibt zu neuen Zielen an.

Du musst darüber hinaus auch lernen, mit deinem Erfolg intelligent umgehen zu können. Dazu gehören die folgenden Aspekte:

- Du solltest rückblickend analysieren, wer dich auf deinem Weg zum Erfolg begleitet und fachlich oder emotional unterstützt hat. Erfolgreiche Menschen müssen wissen, wem sie vertrauen und um Rat fragen können. Solche Weggefährten sind sehr wertvoll für deinen Werdegang. Die Beziehung zu ihnen solltest du sorgfältig pflegen. Thomas Lurz beispielsweise erhielt nach seinen Weltmeistertiteln eine Reihe von Angeboten von anderen Schwimmvereinen, die ihn abwerben wollten. Auch wenn einige dieser Angebote äußerst verlockend erschienen, analysierte er, ob es ihm tatsächlich Vorteile bringen würde. Er merkte, dass es gerade in Zeiten von großen Erfolgen umso wichtiger ist, genau zu wissen, wo man hingehört, und sowohl fachlich als auch emotional gut aufgehobenzu sein. Für Thomas Lurz ist das sein heimischer Schwimmverein, der SV Würzburg 05.
- Gleichzeitig musst du auch erkennen, wer und was dich an deinem Erfolg eher gehindert, dich blockiert und dir Energie geraubt hat. Davon solltest du dich wenn möglich trennen. Das sind Energiefresser. Überlege genau, ob du an ihnen festhalten musst oder dich befreien kannst, um die freigesetzte Energie für deine persönlichen und beruflichen Ziele zu nutzen.
- Zum intelligenten Umgang mit deinen Erfolgen zählt auch, dass du trotz aller Erfolge nicht abheben darfst. Vernachlässige nicht dein engstes soziales Umfeld, höre auf deine Vertrauten und werde nicht unvernünftig. Unterschätze auch niemals deine Konkurrenz. Der Erfolg darf dir niemals zu Kopf steigen und dich zu Aktionen verleiten, die deine weiteren Ziele behindern und weitere Erfolge kosten könnten.

Je bewusster du deine Erfolge feierst und je intelligenter du mit ihnen umgehst, desto höher ist die Wahrscheinlichkeit, dass du dir deine Lust auf Spitzenleistungen erhältst und nachhaltig erfolgreich bleibst.

Zusammenfassung

Bringe die einzelnen Puzzlesteine deines Erfolgs zusammen

Wir haben zu Beginn dieses Buches erwähnt, dass wir dir die Spielregeln des Erfolgs erläutern möchten, die dich an die berufliche Pole Position heranführen. Wir haben diese Spielregeln für dich in dem vorliegenden Erfolgs-Kompendium zusammengefasst, das dir helfen soll, deinen Erfolg zu realisieren und deine berufliche Zielvision zu erreichen. Es geht darum, die einzelnen Puzzlesteine deines Erfolgs zusammenzubringen und zu verstehen, was Erfolg auszeichnet und wie er zustande kommt. Einen zusammenfassenden Überblick haben wir für dich in der nachfolgenden Abbildung dargestellt.

Die Spielregeln des Erfolgs mögen dem ein oder anderen nicht wirklich einladend vorkommen. Da können wir nur sagen: „Don't blame the game, play the game." Du hast immer die Wahl, dich bewusst für Erfolg und für das Erreichen ambitionierter Ziele zu entscheiden oder eben nicht. Es steht dir immer frei. Wenn du dich klar dazu bekennst, ist es sicherlich nicht der leichteste Weg. Aber er lohnt sich. Wenn du die einzelnen Puzzlesteine deines Erfolgs zusammenbringst und die Spielregeln des Erfolgs verstehst, hast du bereits einen großen Schritt getan, deine beruflichen Ziele zu erreichen.

Erfolg – wie auch immer du ihn persönlich für dich definierst – macht Freude. Erfolg macht selbstbewusst. Erfolg eröffnet ungeahnte Möglichkeiten. Erfolg verleiht dir Flügel. Nichts anderes als das wünschen wir dir.

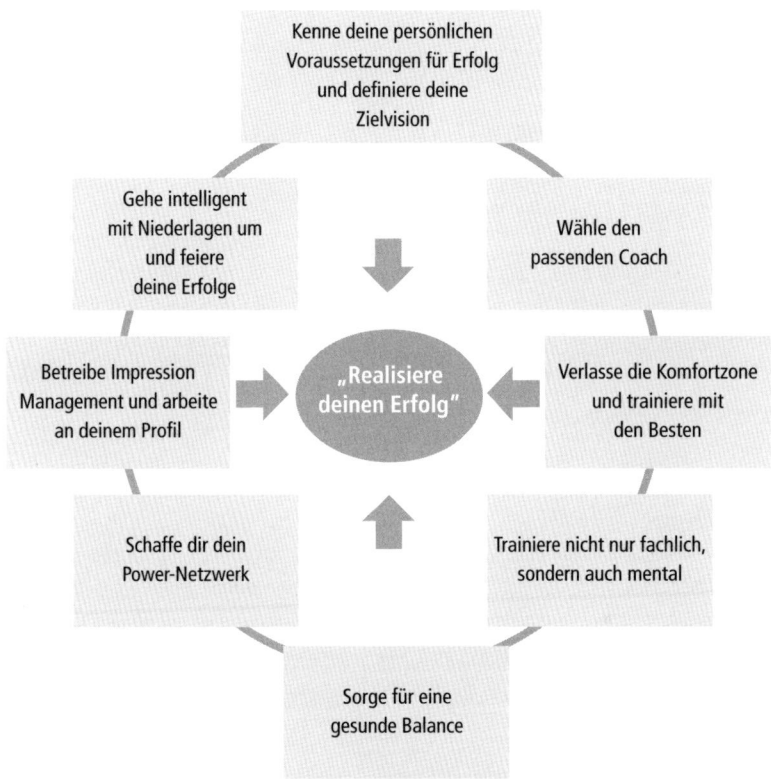

Abbildung 9: Puzzlesteine deines Erfolgs – verstehe, was deinen persönlichen Erfolg auszeichnet und bringe die einzelnen Puzzlesteine zusammen

Anhang

Literaturverzeichnis

Arden, P.: *Es kommt nicht darauf an, wer Du bist, sondern wer Du sein willst,* Berlin 2005

Brenner, D., Brenner, F.: *Gut sein allein genügt nicht. Wie Sie im Job den Erfolg haben, den Sie verdienen,* München 2008

Buckingham, M., Clifton, D.O.: *Entdecken Sie Ihre Stärken Jetzt! Das Gallup-Prinzip für individuelle Entwicklung und erfolgreiche Führung,* Frankfurt/New York 2007

Buckingham, M., Coffman, C.: *Erfolgreiche Führung gegen alle Regeln. Wie Sie wertvolle Mitarbeiter gewinnen, halten und fördern,* Frankfurt/New York 2002

Covey, S. R.: *The 7 Habits of Highly Effective People. Powerful Lessons in Personal Change,* New York 2003

Dahms, M.: *Karriere braucht Kommunikation. Über die Kunst sich um Unternehmen optimal zu positionieren,* Wiesbaden 2010

Frehmann, J.: *Der überzeugende persönliche Auftritt. Leitfaden für professionelles und authentisches Verhalten,* Wiesbaden 2010

Haas, O.: *Corporate Happiness als Führungssystem. Glückliche Menschen leisten gerne mehr,* Berlin 2010

Huhn, G., Backerra, H.: *Selbstmotivation. Flow – Statt Stress oder Langeweile*, München 2008

Jendrosch, T.: *Impression Management. Professionelles Marketing in eigener Sache*, Wiesbaden 2010

Kahn, O.: Ich. *Erfolg kommt von innen. Ein Buch über Erfolg*, München 2008

Kaltenbach, H. G.: *Persönliches Karriere-Management. Wie Karriere heute funktioniert*, Wiesbaden 2008

Kogler, A.: *Die Kunst der Höchstleistung. Sportpsychologie, Coaching, Selbstmanagement*, Wien 2006

Koller, C., Rieß, S.: *Jetzt nehme ich mein Leben in die Hand. 21 Coaching-Profis verraten ihre effektivsten Strategien*, München 2009

Martens-Scholz, H.: *Smart Success. Mit Hi-Tec-Motivation zu mehr Erfolg und Lebensqualität*, Wiesbaden 2008

Mell, H.: *Erfolgreiche Karriereplanung*, Berlin/Heidelberg 2006

Piehwe, K.: *Female Leadership. Die Macht der Frauen. Von den Erfolgreichsten der Welt lernen*, Hamburg 2011

Scherer, H.: *Glückskinder*, Frankfurt/New York 2011

Withauer, K. F.: *Führungskompetenz und Karriere. Begleitbuch zum Stufen-Weg ins Topmanagement*, Wiesbaden 2011

Wollsching-Strobel, P., Wollsching-Strobel, U., Sternecker P., Hänsel, F.: *Die Leistungsformel. Spitzenleistung gestalten und erhalten*, Wiesbaden 2009

Abbildungsverzeichnis

Abbildung 1: *Die Anatomie des Erfolgs – stelle dir die richtigen karriererelevanten Fragen,* S. 19

Abbildung 2: *Career Design – wie du das Drehbuch der eigenen Karriere schreibst,* S. 27

Abbildung 3: *Strategie der steten Schritte – wie du deine Zielvision Schritt für Schritt erreichst,* S. 28

Abbildung 4: *„Landkarte" deiner persönlichen Voraussetzungen für Erfolg – finde heraus, wie du aufblühst,* S. 48

Abbildung 5: *Aufgaben eines Coaches – wie du exzellent geführt wirst,* S. 63

Abbildung 6: *Erfolgsprinzipien von Top-Coaches – wie Spitzenleistungen erzielt werden,* S. 69

Abbildung 7: *Schaffung einer ausgewogenen Lebens-Balance – wie du auf einen gesunden Ausgleich zwischen Berufs- und Privatleben achten kannst,* S. 119

Abbildung 8: *Handlungsstrategien für effizientes und effektives Networking – wie du differenziert deine beruflichen Kontakte managen kannst,* S. 126

Abbildung 9: *Puzzlesteine deines Erfolgs – verstehe, was deinen persönlichen Erfolg auszeichnet und bringe die einzelnen Puzzlesteine zusammen,* S. 169

Register

Über die Autoren

Thomas **Lurz** ist mit 10 Weltmeistertiteln, 5 Europameistertiteln, 24 Deutsche Meistertiteln sowie 26 Weltcup-
Siegen der erfolgreichste deutsche
Schwimmer aller Zeiten. Gleichzeitig
ist er der erfolgreichste Langstreckenschwimmer der Welt. Insgesamt gewann er 25 Medaillen bei Olympia,
Welt- und Europameisterschaften. Deshalb wurde er im Jahr 2010 auch mit
dem Titel „Freiwasserschwimmer des
Jahrzehnts" ausgezeichnet. Im Jahr 2011
wurde er erneut Welt- und Europameister sowie Sieger des Gesamtweltcups
im Freiwasserschwimmen. Erst jüngst

wurde er vom europäischen Schwimmverband LEN zu „Europas Schwimmer des Jahres 2011" sowie vom Weltschwimmverband FINA zum „Weltschwimmer des Jahres 2011" im Freiwasser gewählt. Vom bayerischen
Ministerpräsidenten erhielt er im Jahr 2011 den bayerischen Sportpreis in
der Kategorie „Leistungssport plus". Vom Bundespräsidenten wurde er mit
dem silbernen Lorbeerblatt für herausragende sportliche Leistungen ausgezeichnet, der höchsten Auszeichnung für Sportler der Bundesrepublik
Deutschland. Seine Spezialdisziplinen sind die langen 5- und 10-Kilometer-
Strecken im Freiwasser, die ein besonders hohes Maß an Training, Durchhaltevermögen, Motivation, Kampfgeist und Selbstdisziplin erfordern.
Thomas Lurz betreibt das Schwimmen als Profisportler. Parallel dazu hat er

ein Studium der Sozialpädagogik erfolgreich abgeschlossen und hält Vorträge bei Unternehmen und auf Kongressen zum Thema „Motivation und Höchstleistung" und „Grenzen sprengen".

Prof. Dr. Yasmin M. Fargel hat Wirtschaftswissenschaften in Deutschland und Frankreich studiert. Sie begann ihre berufliche Karriere zunächst als Beraterin in einer großen amerikanischen Unternehmensberatung und arbeitete dort branchenübergreifend in internationalen Projekten. Anschließend wechselte sie zu einem Dax-30-Energiekonzern nach Düsseldorf, arbeitete dort als Personalreferentin im Bereich „Executive Human Resources" und betreute ein internationales Führungskräfteprogramm für Top-Positionen. Seit 2006 arbeitet sie bei einem Dax-30-Automobil-Konzern in München als Personalmanagerin. Parallel dazu hat sie eine Professur an der Ohm Hochschule Nürnberg inne und lehrt dort das Fachgebiet „Personal und Organisation". Sie ist eine der jüngsten Professorinnen Deutschlands für das Fach Betriebswirtschaft. Darüber hinaus ist Yasmin Fargel ehemalige Stipendiatin eines der größten deutschen Begabtenförderungsnetzwerke und Mitglied eines renommierten internationalen „Global Young Leaders Program".

In ihrer Forschungstätigkeit beschäftigt sie sich u. a. mit den Themen „persönliches Karriere-Management" und „Entstehung von Spitzenleistungen in Unternehmen". Ihr besonderes Augenmerk liegt auf der Untersuchung von Karriere-Herausforderungen für junge Frauen. Sie ist Autorin einer Reihe von Fachartikeln und -büchern, u. a. zum Thema Karriere-Management.

Business-Bücher für Erfolg und Karriere

Katja Kerschgens
Reden straffen statt Zuhörer strafen
ISBN 978-3-86936-187-1
€ 19,90 (D) / € 20,50 (A)

Gitte Härter
Sorry!
ISBN 978-3-86936-246-5
€ 17,90 (D) / € 18,50 (A)

Harald Scheerer
Endlich erfolgreich miteinander sprechen
ISBN 978-3-86936-241-0
€ 17,90 (D) / € 18,50 (A)

Patric P. Kutscher
Stimmtraining
ISBN 978-3-86936-247-2
€ 17,90 (D) / € 18,50 (A)

Claudia Fischer
Telefon Power
ISBN 978-3-86936-186-4
€ 17,90 (D) / € 18,50 (A)

Josef W. Seifert
Visualisieren Präsentieren Moderieren
ISBN 978-3-86936-240-3
€ 19,90 (D) / € 20,50 (A)

Elisabeth Ramelsberger,
Michael Rossié
Medientrainig kompakt
ISBN 978-3-86936-243-4
€ 19,90 (D) / € 20,50 (A)

Dorothee U. Lüttmann,
Patrick Schwarzkopf
Pimp up your Coffee Break
ISBN 978-3-86936-244-1
€ 19,90 (D) / € 20,50 (A)

Hartmut Laufer
Grundlagen erfolgreicher Mitarbeiterführung
ISBN 978-3-89749-548-7
€ 19,90 (D) / € 20,50 (A)

Johannes Stärk
Assessment-Center erfolgreich bestehen
ISBN 978-3-86936-184-0
€ 29,90 (D) / € 30,80 (A)

Chris Brügger,
Michael Hartschen,
Jiri Scherer
Simplicity.
ISBN 978-3-86936-245-8
€ 19,90 (D) / € 20,50 (A)

Aljoscha Long
Gib alles, was du hast – und du bekommst alles, was du willst
ISBN 978-3-86936-242-7
€ 19,90 (D) / € 20,50 (A)

Weitere Informationen finden Sie unter www.gabal-verlag.de

Management – fundiert und innovativ

Steve Kroeger
Die 7 Summits Strategie
ISBN 978-3-86936-229-8
€ 19,90 (D) / € 20,50 (A)

Markus Väth
**Feierabend hab ich,
wenn ich tot bin**
ISBN 978-3-86936-231-1
€ 19,90 (D) / € 20,50 (A)

David Allen
Ich schaff das!
ISBN 978-3-86936-178-9
€ 24,90 (D) / € 25,60 (A)

Brian Tracy
Keine Ausreden!
ISBN 978-3-86936-235-9
€ 29,90 (D) / € 30,80 (A)

Hans-Uwe L. Köhler
Die Perfekte Rede
ISBN 978-3-86936-228-1
€ 24,90 (D) / € 25,60 (A)

Svenja Hofert
Das Slow-Grow-Prinzip
ISBN 978-3-86936-236-6
€ 24,90 (D) / € 25,60 (A)

Andreas Buhr
Vertrieb geht heute anders
ISBN 978-3-86936-230-4
€ 29,90 (D) / € 30,80 (A)

Tom Peters
The Little Big Things
ISBN 978-3-86936-171-0
€ 29,90 (D) / € 30,80 (A)

Stefan Merath
**Die Kunst seine Kunden
zu Lieben**
ISBN 978-3-86936-176-5
€ 29,90 (D) / € 30,80 (A)

Weitere Informationen finden Sie unter www.gabal-verlag.de